男人为什么爱说谎
WHY MEN LIE

李意昕◎著

廣東旅游出版社
GUANGDONG TRAVEL & TOURISM PRESS
悦读书·悦旅行·悦享人生

图书在版编目（CIP）数据

男人为什么爱说谎 / 李意昕著 . — 广州：广东旅游出版社，2013.8
ISBN 978-7-80766-521-2

Ⅰ.①男… Ⅱ.①李… Ⅲ.①男性－心理学 Ⅳ.① B844.6

中国版本图书馆 CIP 数据核字 (2013) 第 133043 号

北京市版权局著作权合同登记号 图字 19-2013-066 号

责任编辑：何　阳
封面设计：艺升设计
责任校对：李端苑
责任技编：刘振华

广东旅游出版社出版发行
（广州市越秀区先烈中路 76 号中侨大厦 22 楼 D、E 单元　　邮编：510095）
邮购电话：020-87348243
广东旅游出版社图书网
www.tourpress.cn
印刷：北京毅峰迅捷印刷有限公司
地址：（通州区潞城镇南刘各庄村村委会南 800 米）
710 毫米 ×1000 毫米　16 开　　17.5 印张　　215 千字
2013 年 8 月第 1 版第 1 次印刷
定价：35.00 元

男人是天生的"谎话精"，女人要做"测谎仪"

世界是男人的，也是女人的，男人和女人在一起，构成了我们虚虚实实的情感世界。

没有男人，女人就不必苦恼；没有女人，男人也不必说谎。

现实生活中，最让女人头痛的是"男人没一个好东西"，自负、虚荣、满口谎话，为了吸引女人的目光，就像开屏的孔雀，看上去美丽动人，背后却藏着不可告人的秘密。

如果说男人是天生的"谎话精"，女人就要做"测谎仪"。如此一来，男人与女人之间的永恒博弈就变成了一场特别有趣的游戏，你说我猜，你做我想，增添了情爱的滋味，也增添了猜忌的烦恼。

女人想搞懂男人，为的是让男人更爱自己。于是，她就会有层出不穷、排山倒海的问题等着男人坦白交代，可是来自花花公子的《教战手册》却告诉男人：对女人千万不能说实话。

因此，男人总是选女人爱听的话去说，"我很爱你""我什么都听你的""相信我，和你在一起很舒心"……即便是分手，话也说得委婉动听，"你会找到比我更好的""我是为你好"，他想让女人看到的永远是一个有爱心、有责任感的好男人形象。

　　这就是男人的虚伪，也是男人的无奈。就像女人有美白霜、口红、香水、胸罩、塑型内衣一样，为了漂亮再多的伪装也是必要的。

　　男人说谎，从心理层面看是适应社会的需要，或者说是一种不得不学习的生存技巧。《孙子兵法》和《三十六计》通篇都是教男人如何说谎、如何表演。一个不会说谎的男人，在上司、同事和朋友眼里，不是白痴就是书虫。有时候男人说谎也是被女人逼的。想象一下这样的场景：赘肉横生的女人问老公："你看我穿这条紧身裤漂不漂亮？"脾气暴躁的女友问男友："我是不是温柔体贴呀？"作为男人你怎么回答？说假话内心痛苦，说实话肉体痛苦。男人都不是傻瓜，用谎话换来女人虚荣心的满足，何乐而不为呢？所以，与其说男人有一张爱说谎话的嘴，倒不如说女人有一双爱听谎话的耳朵。

　　很多有过感情经历的女人，对男人的谎话都有切肤的感受和体会。不过话又说回来，一个男人是否值得女人去爱，重要的不是他对你说了多少谎，而是他自己有没有迷失在人性的黑暗面里。

　　作为聪明的女人，没必要指望男人对自己句句都说实话，只要"修炼"一双"识谎"的慧眼就行。对经常恶意说谎的男人，一脚踢开；对"不得不"撒点小谎的男人，留点面子。

　　要知道男人说谎也"不容易"。

　　有人说，男人一生中只说过三句真话，我累了、我饿了、我想要，其余的全是谎话。当这些"谎话"来袭，你是在叹息，还是在摇头；是酸涩地回忆，还是抓狂地发泄？其实，你大可不必深陷在"他为什么说谎"的疑问中久久理不清头绪。既然无法阻止男人说谎，不如让自己成为"测谎仪"，在第一时间快速而准确地识破男人的各种谎言。

　　本书就是一本女性可携式"测谎仪"，作者从爱情、婚姻、分手、暧昧、婚外情等几个方面入手，通过讲述身边形形色色的情感故事来详细分析男人为什么说谎，以及说谎的心理动机，引领女人去了解男人真实的心理世界。此外，还一对一解答女人面对男人谎言的各种困惑，语言辛辣有趣，解决方法实用高效，针对性强。

　　读懂了本书，你就能识破男人的各种"阴谋诡计"。无论是"玩消失"的男人、打女人的男人、喜欢劈腿的男人，还是心里装着旧情人的男人、爱出轨的男人、吃软饭的男人……通通现出"原形"。

因为所以，我要写这本书

　　三十几岁是一个女人最美好的时光。这个年龄层的女人褪去了年少时的青涩无知，在爱情的游戏中，在男人的熏陶下，她从头到脚散发着浓浓的女人味——成熟、性感、知性，一句话，风韵是她最好的注释。如果她愿意，既能自如地操控爱情，也可以游刃有余地经营婚姻。

　　作为一个35岁的女人，我为自己拥有的美好和成功骄傲，我很幸运不仅拥有了幸福的婚姻和可爱的女儿，还享受着比较轻松的生活。每天朝九晚五上下班，不求更多，只求丰衣足食，安乐无忧。这是我的心愿，也许会被指责"小安即富"，缺乏理想。可是我依然满足现有的状态，不为别的，只因为现代社会的男女之间幸福太难得。

　　要说起来，我不过三十几岁，所见所闻远远算不上"多"，可是在我身边，在我记忆之中，在我不经意间，总会发现受伤的女人太多太多。从十八九岁刚刚开始恋爱的女孩，到三四十岁经历婚姻沧桑的女人，她们都在小心翼翼地担心："那个男人是不是在骗我？"

　　他说："我第一眼看到你就爱上了你。"可是恋爱不到半年，他就人间"蒸发"。

　　他说："我和她只是朋友关系。"却被你发现他脚踏两条船。

他说："我能不应酬吗？"却摆明了"我很喜欢应酬"。

他说："我这么做都是为了孩子。"潜台词却是："你怎么就不能为了孩子多替我想想？"

他说："你没有错，是我错了"，而真实的意思是："总而言之，只要能够平静分手，你怎么样看我都没关系。"

男人说谎天经地义，因为甜言蜜语最能打动女人心。特别是恋爱中的女人，想保持头脑清醒，抵挡住男人柔情谎言的攻击更难。因此，女人被骗财又骗色的经典戏码也就常常上演。

女人受骗心有不甘："为什么一个婚前信誓旦旦、无所不能的男人，婚后变得懒惰、冷漠、谎言不断、不可理喻？"

被男人的谎言所伤，女人痛苦、悔恨甚至自轻自贱，认为自己瞎了眼。可是这种自虐行为不仅感动不了男人，反而加剧了他的叛逆心理，想方设法摆脱女人的纠缠和控制。

男女之间说到底是一场谎言游戏。

见多了受伤的姐妹，听多了分分合合的故事，我作为一个女人，一方面同情她们，痛恨男人的无情；一方面探究女人为何在情爱游戏中总是如此被动，面对男人的谎言应该如何面对。

其实，既然是谎言，总有背后的真相。大多数女人想到的是如何揭穿男人的谎言，逼迫他们不再撒谎，这无疑是一场耗费巨大心力却不见效果的战斗。说谎是男人的天性，为了求欢他会说谎，为了遮掩错误他会说谎，为了敷衍他还会说谎……正如，他不说"爱你"，你自然不会嫁给他。

错把谎言当誓言，是女人在情爱游戏中的一大失误。他说"等我有空了"，女人就真的"等"，一等二等等不来结果，着急上火，认为男人"说话不算话" "骗人"。

其实，不管是男人还是女人，谁都免不了说谎。美国心理学家研究发现，人们平均每天说谎两百次，而男人说谎比女人要频繁，因为男人在心理上比女人更难以消除挫折，因此他们说谎就更多。所以，我想对身边的女性朋友们说，理解男人包括他的谎言，是一堂情感必修课。

为此，我写下身边发生的各种情感故事，并做出一些见解和分析，尽管我说的不够全面、不够透彻，可是这些真实发生的故事和真实人物的命运起伏，对你一定有所触动、有所帮助。

WHY MEN LIE

目 录
CONTENTS

第四章 虚情假意——为了分手不得不说的应付谎言

第五章 答非所问——玩暧昧离不开的试探谎言

第六章　口是心非——劈腿时为女人编织的迷人谎言

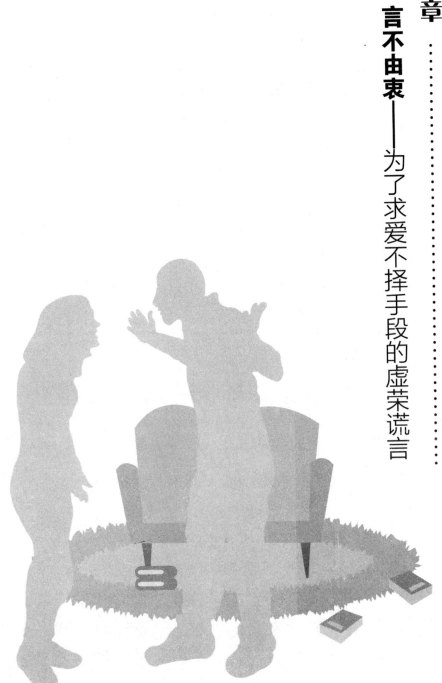

第一章

言不由衷——为了求爱不择手段的虚荣谎言

01

第一眼看到你，我就爱上了你

【潜台词】我是个花心的男人，如果你是个花痴的女人，我们就快点恋爱吧！

那天，为了生意的事约朋友在星巴克咖啡馆见面。谈完事情之后，大家闲聊了起来。这时，一个叫阿萨的大男孩走过来，主动与我们搭讪。他穿着浅蓝色纯棉套衫，胸前印着球星图案，帅气的脸上闪着青春的光辉。阿萨才 18 岁，是 U2 专卖店的推销员，口才不错。

朋友是个爱开玩笑的人，与阿萨聊着聊着，就聊到恋爱问题上，便问他："你谈过恋爱吗？要是谈过，是不是也曾违心地说过爱她的话呢？"

阿萨直言不讳地说："我谈过恋爱，也说过违心的话。"真是令人惊讶，他不过 18 岁，却已经在爱情中撒谎！可是，阿萨好像没当回事，他说："我没有其他选择，不是吗？如果我不说爱她，不表现出一见钟情的模样，女孩子怎么会跟我好呢？通常，只要我说'我第一眼看到你就爱上了你'，那么女孩子都会被感动，你知道吗？她们都喜欢听这句话，然后跟我交往。我和前任女朋友就是这么开始的。"看他说的自然而陶醉，我忍不住责问他："可是你这么做是虚伪的，是在撒谎！"阿萨摇摇头，一副无可奈何的表情："没办法，我也不在乎。"

"也许是他太年轻了，玩世不恭。"怀着这样的想法回到家中，晚上我坐在计算机前与好友聊天，对方是一位30岁的男老师，自己创办了一所艺术培训学校，我帮他介绍过学生。我们之间很少谈论感情的事，但这次想到白天的那个大男孩，就问了他同样的问题。他笑了："当我和女方相处愉快时，我自然对她说'爱你'。不然她会不高兴，不理我。至于'第一眼'的问题，这是很容易打动女人的话，只要感觉对方不错，为什么不说呢？"

我回了一句："可是你真的爱她吗？你这么说不是骗人吗？"

"骗人？"他显然有些意外，"这怎么是骗人呢？我只不过是为了营造一种愉悦的气氛，让彼此感到温馨舒服。你难道没有说过这样的话吗？"

这倒是，"我爱你"几个字总是在情人嘴里进进出出，男人如是，女人亦如是。

可是我还不敢断言，在男人心目中"我爱你"三个字到底意味着什么，就把这个问题发布到网络上，希望得到更多答案。其中一位事业有成的老板回答说："男人就此说谎是一定的。当一个女人站在你眼前质问'你爱我吗？'时，男人总想做点什么让她放松下来，最好的办法就是说'是的，我爱你。'如果不这样做，她会怒气冲天，搞砸彼此的关系。"

我追问了一句："你这样做，关系就不会搞砸吗？"

老板回道："看看再说啦！不能死脑筋，也许有一天她主动离开，根本不用我说什么。"

【心理剖析】

男人是简单的动物，既想开始一段美妙的爱情，又不想费太多周章。所以我们会看到，大多数女人总是慢慢爱上一个男人，而大多数男人总是一眼就喜欢上女人。说到底这与男人的本性有关，他们天生有喜新厌旧的一面，总希望陌生的女人来刺激神经，使自己兴奋。女人是他们征服的对象，没有了女人，他们会无精打采，一旦征服了所追求的女人，他们的热情又会迅速下降。

另外，男人对女人总是充满了好奇心，无时无刻不试着去碰一碰不同的女人，但是，如果他们没有发现新鲜感觉，很可能浅尝辄止。"你是我第一眼就爱上的女孩"，也就成了大多数男人从年轻时起就不断重复的经典谎言。其实，他们一眼看上的不只是你，还有无数个女人。

【见招拆招】

女人要记住，男人之所以这么说，是因为瞄准了你的虚荣心。要想不被虚荣拖下水，最好的招数是保持理智，视情况而定。如果对那个表白的男人毫无感觉，可以简单回答："对不起，我不相信一见钟情。"或者开玩笑说："我看了你N眼，也没爱上你。"如果恰好对那个男人有些好感，但也不能太激动，要给他泼泼冷水："是吗？你是不是以貌取人呢？还是有什么企图？"

总之，在男人这句谎言面前，女人保持淡定，才能抓住主动权。

为了你我会努力

【潜台词】别看现在的我不怎么样，却是"潜力股"。选我吧！不会错，增值空间无限哦！

前几天，听说大学同学张心芸离婚了，这真是个意外的消息。

张心芸是我们班的一朵花，当年追求者很多，她左右为难，不知选哪一个更好。那时我们都很年轻，常常帮她出主意、想办法。最终，张心芸选择了同系的一个"凤凰男"。我很吃惊便问她："为什么是他？他哪方面出色？"在众人眼里，他最多七十分而已，比他好的男生多着呢。张心芸一脸陶醉地说："你们不知道，他说了，为了我他会努力的。"

如此动人的恋爱故事，没想到以分手告终。

感慨之余，我想起曾经看过的一篇寓言。

一位美女遇到了四个追求者，各有优点，让她难以取舍。朋友出了个主意，让她进行一次测试。

美女拆掉新衣上的一颗纽扣，让四位追求者去买一颗同样的回来。

几天后，四位男士带来了不一样的结果。

第一位男士带回一件新衣服说："买件新衣服一样穿，还买什么纽扣，丢掉那件吧！"

第二位男士带着几颗一模一样的纽扣回来了说："找了几天都没买到，就托朋友从厂商那里买回了几颗一样的。"

第三位男士带来的是四颗不一样的纽扣，他说："跑了好多商场也买不到，我想本地可能没有这种纽扣了，就另外买了四颗，把它们都换下来吧！"

只有第四位男士空着双手回来了，他一脸诚恳地说："这几天我跑了所有商场，都没有买到同样的纽扣。亲爱的，对不起了，我想既然如此，你干脆把其他三颗纽扣也拆掉吧！没有纽扣你穿着一样好看。"

美女分析了四位男士的表现，认为第一位太奢侈，一件衣服说扔就扔，跟这样的人过日子，一旦自己年老色衰，也会像衣服一样被扔掉。第二位过于精明，一颗纽扣竟会大费周章地闹到厂商，跟他过的话，大概事事听他摆布。第三位做得太实际了，虽然节俭，却不浪漫。只有第四位，虽然两手空空，却是一腔真诚，为了一颗纽扣跑遍全城，真是一位痴情郎。美女想到这里，取下了衣服上的其他扣子，穿在身上试了试，果然好看。

真是浪漫又多情，美女嫁给了第四位男士。

可是，婚后美女的日子一点也不好过，她发现丈夫经常撒谎，人前背后谎言不断。为此，他们三天两头总是吵架。

这时，美女不免想起当年追求自己的其他三位男士，一打听，他们的现状让她跌破眼镜。第一位男士做了大生意，老婆的服装、首饰经常换，但老婆始终没换；第二位男士在职场中精明过人，做得非常顺利，但在家里对老婆百依百顺；第三位男士经济条件差一些，但生活井井有条，还包揽了所有家务事。

更让美女痛苦的是，偶然间她从丈夫的朋友那里得知，测试时丈夫根本没有跑遍所有商场。其实他哪里也没去，只顾着和朋友们喝酒。

一个动听的谎言，骗走美女的爱情和婚姻。

【心理剖析】

"为了你我会努力"，女人听了男人这样的表白往往会被感动。可是，一个说这种话的男人不外乎以下几种情况：一是现状较差，无法与女人匹配；二是缺乏自信，不敢面对未来；三是用大话掩盖自己的心虚；四是一事无成。

这样的男人值得女人信任吗？

一个穷小子不是不可信，但是真正的男人会为了事业打拼，没有时间跟女人表白自己。

忙着表白的男人除了心虚外，很难付诸行动。就是说，男人向你表白的越多，说明他对未来越缺乏信心，对你越没有安全感。

【见招拆招】

开口闭口大谈"为了你怎样怎样，将来怎样怎样"，表明他不尊重你。不管真诚与否，他不是太轻浮就是在骗你。如果你们交往时间很短，最好听也不要听。如果有了一定的感情，心里也要清楚，这个画饼充饥的男人，很可能是在哄你。

话说得漂亮，不如做的实在。

爱情当前，女人要清醒，那个与自己差别很大的男人，尽管信誓旦旦，也没必要用一种"天将降大任"的心态去接纳他。今天和他一起受苦，明天可能被他抛弃。这样的例子屡见不鲜。

这么巧，我想这就是缘分

【潜台词】有缘千里来相会，既然如此，我们何不开始一场你情我愿的恋爱呢？

有一次跟团旅游，在用餐时我捡到一个钱包，里面的身份证上显示主人是位男性，出生年月日和我一模一样。不多时男人回来找钱包，为了答谢请我吃饭。当他知道我们彼此的生日一样时感慨道："这么巧，我想这就是缘分。"听了这话，看着他写满诚恳的脸，一股莫名其妙的好感涌上心头。接着，男人要求我留电话号码，看样子要与我交往下去。我犹豫片刻，还是摇摇头拒绝了。

我起身离开，剩下他坐在那里，一副孤独尴尬的神情。

我很想回去安慰他，一个与我有着相同生日的"有缘"人，但我没有这么做。

生活中，太多的情爱故事都是从"缘分"开始，最终却是有缘无分。

玫表姐不到 30 岁就守寡，一个人带着儿子生活。等她含辛茹苦把孩子养大，自己也到了中年。虽然是中年女人，但往后的日子还很长，她决定筹划自己的"第二春"。

在朋友帮助下，她开始在电视上征婚。对她来说，电视比网络可靠些，极有可能发掘到"如意郎君"。

征婚启事发出后，她开始不断接听征婚者的电话。可是多数人一说话就很粗俗，除了注重现实条件，很少关心她是什么样的人，更别说她的孩子。玫表姐失望之余，还有些烦恼。恰在这时有个男人出现了，他说话温和，举止得体，更幸运的是他很关心玫表姐的孩子，他说："我与以前的妻子离婚，就是因为我不能生育。这些年来，我一直想找个有孩子的温柔女性为伴。真是太巧了，我想我们应该是有缘的。"

一段如此有缘的恋情迅速展开，他们很快同居，并商量婚事。

结婚过日子离不开金钱。玫表姐独居多年，虽然收入不多，但是开支有限，也存下了一些积蓄，现在有了男人，当然要把这些钱交给他，让他去打理以后的生活。谁知"未来老公"拿着钱去筹办婚礼，竟然一去不返。

大家都明白，这个男人从此彻底"蒸发"，可是玫表姐不信，她一直静静地等着，等他回来完婚。

【心理剖析】

往往以"缘分"为借口的恋情，都是一个很大很深的陷阱。有些是不经意的，有些是人为的。女人相信缘分，认为这是浪漫。这与女人的年龄无关。男人也相信缘分，认为这是一次恋爱的好机会。所以，他对女人说"缘分"，制造"缘分"，意在勾起女人的浪漫情怀，直至投怀送抱。

男人把一次缘分当做一次机会，而没有想到非要用这次缘分锁定终生。而在女人眼里：千万人当中，在时间的无涯的荒野里，没有早一步，也没有晚一步，刚巧赶上了。于是再也不肯放过这个有缘的男人。

"都是缘分惹的祸"，轻信缘分的女人，注定成为"缘分"的俘虏。

【见招拆招】

"缘分"没有错，错的是如何对待"缘分"。

好着的时候，缘分是美妙爱情的最好说辞；不好的时候，缘分就是一种孽债。

对待巧合的缘分，女人先要问问自己，是不是对那个男人有好感，如果有，可以接着他的话，顺着他的意，试探下去。如果没有，那就干脆一点："我不相信缘分""我觉得这种巧合不太好"。

与这种以"缘分"为借口的男人交往，要记住，和谁在一起，说白了是一个概率问题。每个人都有机会与成千上万个人擦肩而过，给谁机会谁就和你有缘，不是A，就是B。

生活不是传奇。太巧合的爱情，肯定掩藏着很多虚伪。

04

我脾气很好，最能迁就人了

【潜台词】只要同意与我恋爱，不管你是谁我都会迁就一下。因为我的好脾气随时为每个美女准备着。

她是我多年前的同事，人很温和，平日里一副默默无语的样子，很少招惹是非。不幸的是，在女儿婷婷六岁时，老公禁不起诱惑出了轨。这是很大的打击，她无法原谅老公，一度闹到离婚的地步。亲朋好友都劝她："为了孩子，还是忍忍吧！"她忍了，虽然不再幸福，但一家人就这样继续生活下去。

所谓苦尽甘来，十几年后婷婷大学毕业成为了一名工程师。她不仅工作出色，还遇到了一位贴心的男朋友。他们彼此感觉合拍，尤其是这位男友，性格很好，懂得哄人，从不惹婷婷生气。有时候婷婷耍小性子，故意刁难他，他也不恼。婷婷对他讲过自己家庭的状况，说父亲我行我素惯了，母亲禁不起折腾等。他就劝慰婷婷："放心吧！我脾气很好，最能迁就人了。"

一切看起来都顺风顺水，两个年轻人开始筹划婚姻大事。这时问题出现了。原来，他们认识不久，男友就到向往的大城市工作了。由于工作忙碌，他们通常都是周末互相探望，自从婷婷的家人搬来，男友认为过去不方便，就变成了婷婷一个人跑来跑去。

一来二去，婷婷有些吃不消，加上打算结婚了，她认为男友应该回到自己的城市工作。可是这话一出口，男友就不高兴了："为什么是我回去？你是女的应该嫁过来才对，哪能一辈子跟家人住在一起？"听他不容置疑的口气，婷婷十分生气地说："当初我就是想找个对我好的人，迁就我的人。要不然像你这样没房没车的人，我找你做什么？"

男友也不甘示弱："我去你家，那是上门女婿，你家给我准备房子了吗？"

婷婷更气了，她想，我都不在乎经济条件，甘愿与你一起打拼，可是你却要我放弃父母、朋友、事业，一无所有地跟你走，凭什么？她越想越气，觉得男友说话不算话，当初说"最能迁就人"，现在倒好一点牺牲都不肯做。一气之下病倒在床。

母亲了解女儿的心事，她很难过，却又无能为力。在这个陌生的城市，我是她仅有的知心女友，她找到我说了女儿的事，希望得到一些建议，帮助女儿渡过难关。

【心理剖析】

一个自诩为"脾气好""能迁就人"的男人，心底一定存有很大的压力和无奈。迁就，是在压制自己，迎合别人，谁能够长久地做下去？男人有太多事情要做，恋爱只是诸多事情中的一件，如果他为了讨好女人，一味迁就下去，就变成了女人眼里的窝囊废。这种男人有几个女人喜欢？而且一个肯迁就你的男人，想必也肯迁就其他女人。

所以，脾气的好坏，不要只看他怎么说，还要看他怎么做。真正的好脾气，不是顺从、听话、按部就班，不是今天一朵玫瑰，明天送来早餐，围着你团团转；而是理智、负责地安排生活，有情有义地对待家人。偶尔地发发火，发泄一下情绪，说明你们之间的关系已经十分稳固，男人可以比较轻松地与你在一起。

【见招拆招】

对于男人的这种好言好语，不妨姑且听之，姑且信之，管他脾气是好是坏，只要你不肯与他深入下去，又有什么可深究的呢？你可以对他说："好啊！日后你老婆和孩子一定很幸福，恭喜。"或者说："我回去告诉我老公，让他向你学习。"

当然，如果你觉得那个男人可以接受，这正是一个好机会，顺着他的话说："是吗？谁嫁了你这样的男人可真有福。"

接下来，可能会出现婷婷这种情况。从开始的迁就，变成后来的怨气，这说明你们之间的关系非同一般。这时你需要调整心态，爱意味着牺牲，但不是你强求对方去牺牲。婷婷一贯在家庭中扮演强势角色，也希望未来的老公能听从自己的安排，便牢记住了他当初的话"我脾气很好，最能迁就人。"可是，他要找的是老婆，而不是多一个"母亲"。

我想照顾你

【潜台词】我想用一时的照顾，换取你一辈子的付出。

　　真是没有想到，公司新来的李楠楠竟然遭遇这么大的爱情挫折。那天，公司忽然接到警察电话，说他们把李楠楠从家里解救出来，希望派人去接她一下。李楠楠最近一直请假，她男友说她病了，怎么还惊动了警察？事情很快传得满城风雨，原来她不是病了，而是被男友"锁"在家里。软禁数日，她在衣服上写下求救信息扔出窗外，被路人发现报警才终于脱身。

　　听起来仿佛是一段传奇故事，却真实发生在我们身边。陆陆续续关于这对怨男怨女的爱情经历浮出水面。

　　李楠楠和男友是通过朋友介绍认识的，一开始楠楠并没有太在意他，后来有一次见面，他们正好顺路，男友就把她送回了家。路上他们聊了很多，从学习、工作到人生观，让楠楠惊讶的是他们之间有太多相似。男友好像也有同感，他说："与你相识很开心。"从此，他和朋友一起出去的时候，也总是约楠楠一起，很快两人就熟悉了。虽然时间不长，但是他对楠楠的关心和在乎，让她很感动。

一天夜里，楠楠去洗手间不小心摔倒在地上，头撞到墙上站不起来。还好电话握在手里，就拨打了他的电话。对方睡意正浓，楠楠哭泣着说："是我，我摔倒了，起不来……"不等她说完，他就挂了电话。很快楠楠的家门被打开了，在男友身后有警察、救护车、救护人员。

在救护车里，男友一直抓着楠楠的手安慰她，他焦急的眼神让楠楠感到温暖和依恋。

楠楠出院那天，男友把她送回家，并事先在家里摆满了鲜花。楠楠彻底感动了。男友抱着她说："小傻瓜，以后不许你受伤，我会心疼的。楠楠，让我来照顾你，好吗？"

美好的爱情拉开了序幕。

冬天，楠楠有时忘了戴帽子或是手套冻得发抖。男友总会轻轻敲着她的头说："小迷糊，这么不会照顾自己。"看着她一脸无辜的样子，忽然像变戏法似的不知从哪里弄来了一顶帽子和一副手套。楠楠愣住了，他趁机给她戴好帽子和手套并爱怜地说："上次你也忘了，就知道你是个糊涂虫，所以早帮你准备了。"

圣诞节到了，沐浴在爱河中的楠楠很想送给男友一件礼物，思来想去为他织了条围巾。男友收到后开心极了，就送给她一条精致的项链，是一把锁。而他手里还有一条项链，是把钥匙。他说："不管你到哪里，都被我锁住了。你是只有我一个人才能打开的锁。"楠楠甜蜜地笑了，有这么一个人永远陪伴身边真好。

转眼间过完了年，楠楠的工作繁忙起来，可恶的老板还要她在情人节那天加班。两人见面的机会少了许多，直到这天，楠楠为男友做好了晚餐，等他到十点钟还不见他回来，电话也不接。

凌晨两点男友回来了，一身的烟酒气。他被炒了鱿鱼，满心苦闷，对着楠楠又吼又叫。

楠楠原谅了他，第二天一切好转。

接下来，男友开始不停地找工作。每次出门楠楠都会亲自为他穿上衬衫、西装，预祝他面试成功。每次失败回家，楠楠都会安慰他，劝解他。男友像个孩子一样抱着楠楠说："我会努力找工作，我会照顾你。"

可是，生活不是一句话的事。由于没有合适的工作，男友的脾气越来越暴躁，酗酒、抽烟，然后指着楠楠说，她会跟别的男人跑了、会被勾引了、会跟别人亲热，等等，总之，他不相信她。

楠楠感到了害怕。

后来，男友变本加厉，开始限制她的行踪，上班时给她打电话，检查她是否上班了；下班时要求她在规定时间内到家，一旦迟到他会发怒、咆哮。

这样持续了六个月。

一天，楠楠下班时在路上遇到了同学，回去晚了。男友大发雷霆，抓着她又摇又晃，楠楠哭着让他放手，开始反抗。男友被激怒了，甩过去一巴掌骂道："贱女人，一定是和别人交往了！"

两人冷战十几天，男友一如既往地道歉请求原谅。可是楠楠心里很痛，她不想原谅他了，她觉得应该给他一次教训。男友给她写信，写检讨书，保证变回原来的自己不再发脾气、打人，等等。

楠楠又一次心软了。

但是男友没有丝毫改变，反而更加变态了。下班时他去接楠楠，故意当着别人的面亲她；每次回家的路上，他都走得飞快，看她在后面紧追慢赶，故意很诡异地笑笑说："我就是要你跟着我跑，只能跟着我跑。"

男友变着花样监视、控制楠楠，她终于忍受不了了，要求自由。男友的回答是把她锁进卧室，再也不放她出去……

【心理剖析】

男人说谎很大的因素是为了能让自己看起来更出色，更值得依靠。对女人说"我照顾你"，既表达了爱意，又显示出自己的强大。

给人照顾，这样的人肯定有实力，值得信赖。哪个女人不想寻求一个强而有力的靠山，安全、可靠、有保障？

"我会照顾你"也就成了男人最爱表白的口头语。

可是，照顾人不是一句空话，需要付出的是时间、金钱、精力和耐心。纵然爱情深似海，可是生活需要你忙碌在职场、生意场，哪有时间去照顾她？纵然有的是钱财和时间，可是你哪有耐心长久地付出不求回报？

爱情，应该有来有往；照顾，应该彼此对应。

真实情况是，男人在恋爱时为女人洗了一次衣服，女人将在未来为他洗一辈子衣服；男人在恋爱时做了一次饭，女人将要做一辈子饭；男人给了女人几次欢愉，女人将为男人生儿育女，无怨无悔。

男人说照顾女人，念的是一个高回报率的生意经。

"我永远会照顾你"也就成了最令女人失望的一句话。

【见招拆招】

不想被照顾，很简单、很干脆地回绝即可，不可拖泥带水。遇到死缠烂打的男人，视若无睹，不喜不悲，久了也就淡了。

　　然而，大多数女人都喜欢被照顾，爱情也就由此展开，那么，被他照顾理所当然，但不可顺其自然。一个人的付出总求回报，想一想，他要的回报你给得了吗？给不了就不能要求太多，应该适可而止，适时地回报，否则，利息太高你会还不起的。

06

我尊重你的选择

【潜台词】只要不妨碍到我，随便你，爱做什么做什么。

她是我 MSN 上的好友，网名"花之猫"，今年才 22 岁，还在新西兰读大学。听她的意思她是投奔姑妈去的，可是姑妈忙着做生意，与她来往并不多。一个年轻女孩子在陌生的环境中，没有亲人和朋友，最容易做的事情就是与人谈恋爱。

"花之猫"有过几次不成功的恋爱，三个月前，她认识了一个叫 Barry 的男士，长相、身高等外在条件都不错，还有一份收入稳定的工作。"花之猫"对他很感兴趣，他对"花之猫"也表现出了十二分的关心，可说是温柔体贴，面面俱到。每天早上他会打电话叫她起床，开着车送她上学，帮着买早点，请她吃晚餐，看电影。总之，只要是讨好女孩子的事情，他都想到做到了。

最让"花之猫"意外和感动的是，Barry 非常尊重她，与她交往这么久也没有什么出格的举动，这与她以往接触的男性不同，所以她心底又多了一份感激，认为他很绅士。另外，由于"花之猫"一人在外生活惯了，处理问题时常常自作主张，很少顾忌他人的感觉。她以前的男友曾对此颇有意见，认为她是个专横的女孩。可是 Barry 不这样，每每两人有了不同的意见，或者"花之猫"突发奇想做什么事，他都会轻描淡写地说一句："没什么，我尊重你的选择。"

他对"花之猫"的过去也很少探究，而且说话风趣幽默。这样的一位男人站在眼前，"花之猫"却始终没有明确表态。她对我说了几点理由：一是他还不是完全意义上的自由之身。他是结过婚的男人，与前妻虽已签订分居协议，但根据新西兰法律他可以恋爱还不能结婚。二是很多女孩子都喜欢向他倾诉，哪怕是午夜两点，情感受挫的女孩需要他开解时，他也会不忍心"挂掉电话"。由于他太"好心"，他的前女友不放心，曾经偷偷爬窗进他家去看他的聊天记录。

有鉴于此，"花之猫"一度非常犹豫，既不想放弃他，又不愿答应他。但是年轻女孩总是招架不住成熟男人追的，Barry 在"花之猫"心里的位置越来越重要。

这天是"花之猫"的生日，Barry 送来了礼物，还邀请她一起去欣赏歌剧。"花之猫"一听就不高兴了，她说："你怎么不动脑子，我才不喜欢听什么歌剧，我要去逛商场！"就这么一句话，Barry 的感情忽然一落千丈，从此两人开始了"冷战"。

"花之猫"很后悔，她想了想决定采取措施逼迫他回心转意。一方面，她不断暗示自己做错了；另一方面，她故意让他看到自己又和另一名男生在接触。就在她打如意算盘时，对方的表现却不尽如人意。Barry 断断续续和她联系，有时候也会主动邀她，但又说："先做朋友也好。"据"花之猫"了解，他与前女友也是保持这种状况，在前女友生日时，还把车停在了她家门口一夜。

这让"花之猫"很抓狂，她翻来覆去地琢磨，也猜不透 Barry 到底是什么意思。所以，每次在网络上见面，她都会详细对我诉说一些情况，以及她的想法，她问："我是不是不该反对他跟其他女孩子来往？我到底要不要继续与他沟通下去？"

【心理剖析】

显然，这个男人是情场高手，不动声色间牵着女人的鼻子走。他向女孩子献殷勤，陪她们聊天谈心、吃饭看电影，让彼此的交往充满浪漫情调，可是他就是不去主动表白。慢慢来，让女人为他着急，才是他真正的乐趣。

这种男人是最虚荣的，他需要的与其说是爱，倒不如说是女人的仰慕。

所以，他们会说"尊重女人的选择"，以表现自己的绅士风度；所以，他们身边围满了女人，以突出自己的高大和出色；所以，他们在女人的痴情消退时，会比女人更快地失去兴趣。

现实中，一个把"尊重"挂在嘴边的男人，肯定有些浮夸，至少对女人缺乏足够的尊重。他不过试图掩盖自己的心虚，希望以此获取女人的信任。

每个说"尊重"的男人心里都在想：只要不妨碍到我，你爱做什么做什么。听见了吗？"尊重"要有前提，不能干涉到他的利益。

【见招拆招】

"花之猫"认为自己的一句话伤害了彼此的感情，可是从他们的交往经历来看，Barry难道真的打算娶她吗？一大堆的"倾诉女孩"，剪不断、理还乱的前任女友，说明这个男人很讨女人的欢心，却不是恋爱结婚的好人选。

如果没有非他不嫁的想法，只想追求一段浪漫的情史，那么你不妨一试。如果打算脚踏实地地过日子，这样的男人还是离得越远越好。

相较外表我更注重内心

【潜台词】虽然你不漂亮，可是我还是勉强将就一下，其他女人比你更丑。

- -

"花之猫"还跟我讲过她同学的故事。

芊芊和紫茹两人都18岁，半年前一起到新西兰读书。芊芊高个子，长相漂亮，人很开朗。紫茹就不如她了，又黑又瘦而且不爱打扮，一副书呆子模样。

由于长得漂亮，芊芊很快成为男孩子们追逐的对象。其中一位叫James的是华裔后裔，不怎么会说中文，为了追求芊芊特意学习了"你好漂亮""我对你一见钟情""一日不见如隔三秋"等中文。终于，他打破了芊芊的心防，不到半年两人感情就好起来。

就在他们的爱情如火如荼上演时，紫茹也意外地遇到了自己的爱情。

那天，紫茹正坐在湖边聚精会神地看书，忽然走过来一个男生，自我介绍道："我叫宋凯文，希望和你交朋友。"紫茹吃了一惊，她注视着这个从天而降的帅哥，不知所措。宋凯文长得一表人才，年轻时尚，绝对是个优秀的恋爱对象。但是紫茹从小接受的教育很传统，出国前妈妈还叮嘱她不要随便谈恋爱。因此，面对宋凯文她还是小心翼翼地表示不想与他交往。

宋凯文并不气馁，从此他常常出现在紫茹身边，吃饭时帮她买餐点，有事无事找她聊天，每天陪她上课下课，一起读书、运动。每当紫茹遇到不顺心的事，更是第一时间出现，替她分忧解愁，帮她打抱不平。尽管紫茹还是没有表态，可是大家都清楚，宋凯文就是她的守护神。下雨时他宁可自己淋雨，也要把雨伞给紫茹用；吃饭时宁可自己挨饿，也要把好吃的留给紫茹吃。

哪个女孩子不渴望被守护？最终，紫茹被打动了，她问宋凯文："你为什么喜欢我？我并不漂亮。"

宋凯文一脸情深地表示："相较外表我更注重内心。"

紫茹很感动，她觉得宋凯文真的懂自己。不是吗？自己爱学习，求上进，善良、聪明，这样好品格的女孩已经不多见了。

然而，就在紫茹准备一心一意做宋凯文女朋友的同时，对方却来了个180度的大转弯，他的热情不见了，变得冷淡寡情。

相识满三个月了，宋凯文提出分手。紫茹忍不住追问为什么？宋凯文回答："我们不合适。"就这样结束吗？紫茹很想挽回，想方设法去找他，却难得一见。

这天傍晚，紫茹又来到校门口，她知道宋凯文经常在这个时候出入。果然她看见他了，开着一辆新车，身边还有James等好几个朋友，他们正在热火朝天地说着什么，她站在树后看着、听着。他们中有人说："这车该是你的，你和那个灰姑娘的恋情很好吗？"有人接着说："宋凯文，你开着新车内疚吗？"宋凯文说话了："不会，我又没有对她怎么样。"James大笑着说："芊芊这么漂亮的女孩我都不要了，那个丑丫头当然不值得一提。"

紫茹明白了，原来她不过是一群男生的赌注。宋凯文和同学们打赌，会让一个聪明、老实的女孩喜欢自己，然后在三个月之后甩掉她。如果赢了同学们给他买一辆车，如果输了他给大家买演唱会门票。

紫茹的爱情狼狈收场，芊芊的爱情也以失败告终。

面对一场又一场失败的恋爱，"花之猫"百感交集，她问我："男人到底懂不懂爱？他们到底喜欢什么样的女孩？女孩应该怎样才能获得真爱？"

【心理剖析】

男人喜欢靓妹就像蝶恋花，花越香，蝶越狂。女人越漂亮，男人越喜欢，所以有人说男人是视觉动物，在丑与美之间一定会喜欢后者。

美女总给男人们急切交往的冲动，即便是交往久了，他们也希望美女打扮抢眼，一来赏心悦目，二来带出门去外人见了也会羡慕不已。身边的女人越年轻漂亮，这个男人的地位和身价就会越高。

但是，男人很少说出心里话，尤其面对一个长相普通的女人时，他们会说不在乎女人的外貌，最在意的是女人的气质和心灵。究其原因，男人在情场打拼，需要显示一下自己的品味。如果只为了漂亮而交友，会给人花花公子之感，虚浮、放浪、不可依托；而注重女人的心灵美，无疑表明自己是一个有修养、有分寸、值得爱恋的男人。这样的男人，不仅丑女人喜欢，美女也喜欢。说不定还会引起连锁反应，吸引无数女性竞相折腰。

【见招拆招】

一个注重内在美的男人固然值得珍惜，可是这种男人在男欢女爱的游戏中出现频率之低，简直低于太平洋大峡谷，就算你想破脑袋，也想不到在他心目中美女具有何等杀伤力。

几乎没有一个男人可以真正做到不在乎女人的外貌。当他们对你这么说的时候有几种可能：一是他身边的其他女人比你还要丑；二是他很聪明不想刺激你；三是他想给你稳重和安全感，获取你的认同；四是其他情况，诸如故事中讲的打赌游戏。

当然，分辨男人的这句谎言并不简单，看他们深情脉脉的表白，女人很容易被打动。这需要清醒的头脑和敏锐的眼光，确认一下自己是否真的不够漂亮。如果是可以谢谢他的爱意，告诉他自己也很爱美。然后看他的眼神和反应，要是闪烁其词那么他在说谎，只不过想以此勾起你的好感。如果不是可以大方地问他："我的外貌和心灵一样美，你更喜欢哪个？"

我会陪你逛街

【潜台词】等吧！等我有了时间和金钱，等我存够了力气，等我有了好心情，等……

今天在网络上闲逛时，看到一篇网志文章，上面写道："完全无法带着他逛街。他一会儿要出去抽烟，然后就找不到他。他垂头丧气，好像挨了一顿闷棍，我试穿衣服时，他从来心不在焉。可是气的是，我试了一件很贵的外套，问他怎么样，他居然回答：'绿色和什么都很搭'。"

一看就知道，这是个逛街时被男人气到了的女人，在网志上发一发牢骚，解解恨。

论坛里有位年轻女人也在控诉："男人，上床前跟你有聊不完的话题，恨不能夜夜陪你聊到天亮；男人，上床后仿佛不会说话了，每天晚上不到11点就困得眼睛都睁不开。男人，上床前想尽花样与你在一起，陪你逛街、吃饭、看电影；上床后忽然工作忙了，身体累了，让你体谅他。千百次地重复一句话：'有空我会陪你逛街，陪你吃饭，只是最近有点忙。'"

又一个为逛街烦恼的女人！

其实，生活中哪个女人没有这样的经历？一时兴起我在网络上搜寻一下"男人陪女人逛街"的话题，可巧的是一位年轻男子写给未来老婆的信也涉及这个问题。读这封信竟然从中发现了"陪老婆逛街"等数个"谎言"，令人啼笑皆非。

信是这样写的：

我很早之前就想给你写信了未来的老婆，虽然不知你身在何方，可是我相信缘分会给你我牵线，让我们在一起。我会等，等你出现。我来自南方，今年刚刚 24 岁，可算是风华正茂。我知道这个年龄是集中精力做事业的好时候，但我控制不住自己，总是渴望你能出现在我身边。

我从小生活在乡村，天广地阔，度过了美好的童年时代。小时候我一度学业很差，功课不及格，但是长大后我知道读书的重要了，我涉猎很广，文史、地理都喜欢，大学时学习美术设计。懂得很多，却不精通，继续努力吧！

现在我在一家 IT 公司做设计师。我有个性，不喜欢求人，这是传承父辈的特色。当年为了工作靠关系走后门，我一概拒绝，希望靠自己闯出一片天。当然，理想很丰满，现实很骨感，虽有了一份自己喜欢的工作，可是不如意事常八九，但我坚定，既然选择了这条路，就是爬也要爬到底。

我是无房无车一族，但有一颗年轻上进之心，更有一颗爱你的心。呵呵，我的爱心只给你，亲爱的老婆。我会每天在你睁开眼后第一时间说"爱你"，在晚上 11 点之前把你哄上床。我不想你为了苗条而减肥，但我知道美食、美丽的衣服对女孩子的诱惑，所以我会陪你逛街，不管多久都乐意。到了节日，我们一起去旅行，享受阳光和快乐。

老婆对于我，不仅是情人更是亲人，我不要你多漂亮多出色，只要你能陪我一起奋斗，互相鼓励，陪我一起构筑爱巢，我会用这辈子的时间给你幸福。

我坚信你如我一样，现在就在世界的某个角落静静等我，我的心装满了爱，正等着你的到来。

这个男人是多么青涩，多么可爱。真不忍心把他的誓言与"谎言"二字联系在一起。然而现实就是那么残酷，回头看看那些女人的不满和控诉，生活究竟为何如此真真假假？而女人又该怎样对待男人陪自己逛街的谎言？

【心理剖析】

尽管很多男人在看球赛时，为了讨好老婆会表示一下："亲爱的，世界杯之后我会陪你逛街哦！"然而事实证明，这是男人彻头彻尾的一句谎言。科学研究证实，90%以上的男人不愿陪女人逛街，去了也是被迫的。造成这种被动局面的因素主要是性别决定的。

在人类社会之初，男人和女人被赋予了不同的分工。作为猎手男人必须迅速反应做出决定，这样，他们在围捕猎物时才能有所收获降低危险。所以，男人购物时会预先想好买什么，然后在尽量短的时间内买到货物回到家里，结束一次行动。女人则不同，作为采集者她们有充足的时间在森林中采蘑菇、摘果子、收集各种食物，这就像她们在市场中逛来逛去，根本不在乎消耗多少时间去选择货物一样。

同时，研究发现男女的视野也不相同。男人身为狩猎者需要辨别远处的物体，所以练就一双望远镜一样的眼睛，尽量往前看而不是环顾左右。女人的视野与之相比则更加开阔，平均视角比男人宽90度，即使不用转动脑袋，她们一样可以看到四周更多东西。在商店内，她们可以轻松自如地观察各种商品，做出选择判断。这种能力为她们购物提供了极大的方便和乐趣。

【见招拆招】

既然上帝赋予了男女不同的性别，也赋予了他们不同的生活经验和生存本领，那么聪明的女人就要明白，男人不肯陪自己逛街无可厚非，大不了找一两个好友代替他。如果非要男人陪伴自己，也不可强迫和限制他们，最好的办法是：第一、出门前记得问问他想买点什么，关心他，他才会真心陪你；第二、不要把他搞得太累，可以给他自由休息的时间；第三、切记把他弄得太穷，一次购物太多有了负担，下次他就不敢陪你了；第四、逛街也要动动脑子，最好别把他需要的东西放在开始和最后买，自己的东西放在中间买，这样让他始终感觉有目标，有计划，更适合他的性别特色哦。

09

我认为最美好的那一刻应该留到结婚那天

【潜台词】对你，我还把握不准。你要是愿意与我结婚，我也许会多付出一些；要是只谈谈恋爱，对不起，我不能为你做太多。

网络恋情无处不在，这不，一个女人与一个男人的恋爱故事在我们的网络社群里闹得沸沸扬扬。他们本是网络认识的，在一个社群里玩久了，也算日久生情。女人网名芳草，男人网名农夫，一开始男人开玩笑说："农夫除草。"女人说："你试试，怕你除不掉。"就这样他们的关系迅速发展起来。他们互发了照片，每天都有一两个小时的聊天，后来还通了电话。

芳草30岁，前年离异，孩子跟着前夫，她一个人生活日子有些寂寞。农夫恰恰相反，他比芳草大十岁，事业成功，绝对算得上中产阶级。

彼此有确定的信息，恋情显得更真实了，接下来的半年时间，他们往来不断，互诉衷肠，甚至谈到了未来。

社群里的朋友都觉得他们很般配，有人还跟芳草开玩笑："遇到有钱人了，可得请我们吃大餐。"芳草虽然没有刻意在乎对方的钱财，但她想这样的男人不该吝啬，物质上不会亏待自己。

可是事实令她头痛不已。他们交往的半年多来，农夫不仅从没有为她花过钱，而且每次提到"钱"字，他都很敏感立刻装聋作哑。

一次，芳草的同事结婚，买了条非常昂贵的钻石项链。她见到农夫时不免说起这事，结果农夫一听，立刻岔开了话题说："我这次来这出差，有很重要的事情，晚上就不陪你吃饭了。"然后，不顾夜黑风高让芳草自己回家。芳草还有些纳闷，心想这么急着赶我，是不是有什么隐情？后来，在女友提醒下她才明白，原来农夫害怕她借机索取钻石项链。

芳草不过是随口说说，竟让农夫如此戒心，她深感心寒。

其实，芳草的生活虽不富足也达到小康，她与农夫交往完全是出于感情需要。她觉得彼此之间的感情还是真诚的，"理性交往"不破坏对方现有生活，可是农夫的小气实在令她难堪和不解。毕竟，女人都是爱慕虚荣的，跟这样一个"铁公鸡"相处，怎么都让人别扭。有时候，她也试探着说希望男人送给自己什么礼物，可是农夫根本不接这个话题。

回想起来芳草觉得自己付出比他多得多，每次坐车去看他都会给他带去各种礼物，他会很高兴、很感动、很珍惜，可是永远只是嘴上说说，从没有过任何实际的物质表示。

端午节到了，社群里的朋友打算聚一聚，芳草和农夫都在被邀之列。她决定借机再试探农夫一下。聚会前一天，她和农夫聊天时说："明天，我想度过一个美好的日子。"农夫说："好啊！我陪你去。"说完，发过去鲜花、礼物、拥抱、爱心等图像。以往芳草会很感动，可是这次她感觉到了虚伪，于是接着说："我想穿着漂亮的服饰，在一间虽不奢华但却浪漫温馨的西餐厅用餐，最好请朋友们一起坐坐。"

之后，农夫沉默了许久，终于回了一句话："我认为最美好的时刻应该留到结婚那天。"

芳草潸然泪下，不知为什么，她忽然决定不再与农夫继续下去了。

她发短信问我："你说，这个男人到底是什么心态？"

【心理剖析】

男人说谎多是为了应对危机。当他不肯付出更多时，说明他并不像自己说的那么在乎你。一个男人真正在意女人的重要象征，就是为她花钱从不心疼。花钱不在多少，亿万富翁花了百万博你一笑，有可能是虚荣；一般工薪花了千元为你购买生日礼物，或许出自真心。

可是，贪心是人之常情，男人也一样，年龄越大的男人往往钱抓得越紧。他们希望收获激情，却想着最好不要有任何投入。特别是四十多岁的已婚男人，他们有了足够的从容应对爱情，零成本、高产出，一个愿意为他贴钱贴爱的女人，是他最渴望的婚外情恋爱对象。

【见招拆招】

不要不好意思谈钱，礼物是情感的表达。男人送女人礼物，是天经地义的事情。已过了浪漫年龄的熟女，更该明白这个道理。

但要分清礼物的轻重，他多余的东西给你不必感动；他缺少甚至没有的东西，费尽心思给你弄来，说明他真的重视你。

简单的一个"爱"字，实在太显单薄，不足以表达爱意。一些浪漫的小礼物诸如鲜花、饰品，无足轻重也不必放在心上。

女人就是要男人追的。一个有钱人送你昂贵的礼物，也未必真心对你。但是他如果在忙碌的时候抽出时间陪你逛街，哪怕只买了一盒化妆品，也说明他真心待你。因为他把自己最缺少的时间送给了你。

所以，面对那些不肯付出的男人，女人最好摆正心态。要么认了，只与他谈爱不谈钱；要么衡量一下得失，从现在起少一点付出，不要日后后悔，告诉他："没有礼物就别说爱我。"

10

如果错过了你，我不知道还能不能遇到更好的

【潜台词】到目前为止你是最好的，不过明天也许会有更好的女人等着我。不如你再等等我，等我遇到更好的你再离开。

　　悠悠比我小十来岁，是家里的独生女，从小生活在优越的家庭环境中，属于那种大小姐脾气的女孩。我常说："你是典型的'草莓族'。"她撇撇嘴不以为然："什么呀，我很独立。"

　　自以为独立的悠悠大学毕业后，在父母安排下进了一家跨国公司。这是很吃香的行业，加上她长相出众，身边围满了各式各样的追求者。后来，一个富家子弟杀出重围，赢得了悠悠的芳心，两人步入了婚姻殿堂。

　　不过很快悠悠就对老公产生了不满，他缺乏事业心，每日里除了玩游戏就是与朋友吃吃喝喝，家族的公司还是他老爸说了算。一来二去小两口闹翻了，悠悠二话不说与他离了婚。

　　离婚之后的悠悠开始了重新选择，一开始她觉得自己没生过孩子，人又年轻漂亮，还不是想找什么样的就找什么样的。可是她慢慢发现自己错了，结过婚的女人仿佛是打折商品，寻寻觅觅，"买主"大多

也是条件较差的男人。这些男人几乎全是离过婚的，而且优秀者少之又少。好不容易遇到一两个有事业、有思想的男人，却个性不合难以发展。

一晃几年过去了，悠悠觉得自己真成了"剩女"，心中的滋味很难说清。

这时，终于出现了一个相对优秀的男人，不仅事业有成，还答应帮助悠悠在事业上更进一步。但美中总有不足，这个男人与前妻有一个孩子，这个孩子跟着他，性格孤僻，很难与人相处。

自从相识后，这个男人对悠悠展开了强而有力的追求，送礼物送温情，打算一举掳获美人心。悠悠感受到了他的激情，也认可他的为人和能力，可是她还有顾虑，那就是孩子，所以迟迟没有明确的答复。

这天，悠悠和我逛街恰好遇到了那个男人。悠悠对他有些冷淡，还说能分手就分手之类的话。男人听了一脸伤感，语气都变了，最后竟哽咽着说："如果错过了你，我不知道还能不能遇到更好的。"

悠悠显然被他打动了许久不语。

没想到这次见面之后，他们的感情迅速升温。接下来，悠悠分分秒秒都觉得自己是个幸福的女人。

女人的幸福总是洋溢在脸上，我每次见到她都忍不住称赞几句："恋爱让女人美丽，你真是越来越漂亮啦，什么时候请吃喜糖啊？"悠悠也不回避认真地回答："快了。"

不久，这位快要结婚的准新娘却找我大诉苦衷。原来她根本无法与男友的孩子处好关系，由于男友工作较忙，常常让悠悠帮他带孩子，可是悠悠从小娇宠任性，哪有心思带好别人的孩子。她不愿意带，结果男友对她越来越冷漠。

最终，他们的爱情画上了句号。

悠悠伤心了一段时间。之后，大约过了三个月，她忽然恨恨地对我说："你听说了吗？他又热恋了。我还以为他能回来找我，真没想到这么快就和别人交往了。"接着，她又继续抱怨他的新女友长相多差，也没工作，总之，根本无法与她相提并论。更让她无法释怀的是："当初他说错过了我就找不到更好的。那他为什么不珍惜我？还有啊！我们处了大半年，他这么快就跟别人好了，真怀疑他当初有没有爱过我？"

【心理剖析】

男人是现实的动物，他们怕麻烦，如果觉得眼前的女人差不多，宁可将就也不愿意换掉。这是他们说"如果错过了你，我不知道还能不能遇到更好的"的内在动因。眼前的女人并非真的多么好，只是他觉得还可以继续下去。

但是女人不同，她们希望在男人心目中是独一无二的，无法替代的。所以，她们很喜欢听男人说这句话，当真以为男人离不开自己。

其实，爱情是双方互动的游戏，当女人单方面高高在上，彼此失去了平衡时，游戏就不好玩了。

没有哪个男人愿意消耗时间和精力原地踏步等一个女人，也没有哪个男人不知疲累地扮演你父母的角色，他们需要的是情人、伴侣，互相扶持，共度岁月。说实话，男人最害怕的是"女人荒"。他身边没有女人，会感到恐慌、忧虑、不知所措，因此，离开一个女人后，会很快寻找另一个女人，天性使然。

【见招拆招】

当男人说这句话时，说明他已经比较在乎你了，愿意与你发展下去，但不代表离开你他就无法活下去，再也不找其他女人。所以，作为爱情女主角，最好不要像故事中的悠悠那样倨傲。很明显她既是一个小女人，渴望被优秀的异性征服；又是个娇小姐，习惯性挑剔和操控对方。两种性情混合到一起，变成了婚姻与恋爱的大问题。

因为，不管多么优秀的女人，好职业、好出身，都抵不过年轻美貌。已是"剩女"的悠悠，要学会向现实做些妥协，否则，好男人出现的可能性会越来越小。

哪个女人甘于平庸？拒绝平庸不是嫁个优秀的男人了事，最好的办法是自己力求上进，同时给身边的男人上进的动力。

11

相信我，我会是一个好男友

【潜台词】很多女人都不信，求求你，就信了吧！

一次陪朋友去相亲，在咖啡店面对面坐着，沉默了一段时间，男方忽然开口说："相信我，我会是一个好男友。"

我和朋友都吓了一跳，没想到一来就遇到了传说中的"极品男"。

相亲说出这样的话，固然突兀得令人发冷。可是为了求爱，这样表白的男人并不在少数。

看看那些收视率颇高的相亲节目，有多少男人会对心仪的女生说出这句话。

柯儿和李靖翔就是在相亲节目中认识的。柯儿 26 岁，在读研究所，李靖翔比她大 5 岁，公司主管，能力很强，有事业心。李靖翔对柯儿称得上一见倾心，在节目中过五关斩六将，把最精彩的表现都呈现给了柯儿。在节目最后，他手捧鲜花等待柯儿时，说了一句令全场所有人都感动的话："相信我，我会是一个好男友。"

此情此景谁能不为之动容？柯儿就像是天底下最幸福的女人，她含着热泪接过鲜花，与李靖翔拥抱在一起。在全场观众热烈的掌声中，他们走下舞台，开始了真正的恋爱生活。

没多久他们就在一起了，柯儿把初夜献给了李靖翔，并真心希望他就是自己未来的老公，所以关心他，依恋他。像所有恋爱的女人一样，柯儿总觉得李靖翔没有足够时间陪自己，于是经常给他打电话，一开始李靖翔还有耐心，不管开会还是在外地都会接电话与她聊几句。后来就烦了埋怨道："你真是读书读多了，太啰唆，想问题太复杂。"柯儿很伤心，觉得自己的付出不值得。

家里听说柯儿恋爱的事情后表示了反对。一是两人年龄差太多，二是学历不般配。从小到大柯儿都是一个听话懂事的乖女孩，很在乎家里人的意见，现在她开始理智思考她与李靖翔的关系了。

交往这段时间来，李靖翔很少主动给柯儿打电话，每次通电话都不会超过十分钟，好像没什么话说一样。即便两人在一起，柯儿也很少听他讲自己家里的情况。

柯儿仔细想想，李靖翔确实有很多优点，不抽烟、不喝酒，整洁、礼貌，懂养生，生活规律，积极、有上进心，诚如在相亲节目中所说，他确是一个好男人。但问题是他也有致命的缺点，喜欢往澳门跑。虽没有说明是做什么，可是柯儿敏感地意识到他是去赌场。而且李靖翔还喜欢拿柯儿的学历开玩笑，觉得研究生就该什么都懂，稍有不知道的就会出言讽刺。

经过这样的权衡，柯儿提出了分手。李靖翔以为是开玩笑，过了一周才想起给柯儿打电话。柯儿毫不客气地数落了他一番。从此，李靖翔的电话更少了。柯儿虽然很伤心，但逼迫自己忘记那个人。

前几天，李靖翔终于约出了柯儿，当面责怪她变心了对自己不好。

柯儿很迷茫，和李靖翔恋爱了两年，她觉得累了，要么在一起，要么彻底断掉，到底哪一条路更好呢?

【心理剖析】

急着自我肯定的男人，至少有两种心态：自负和心虚。他们认为自己已经掌控了全局包括女人，所以毫不避讳地说"我是个好男友"，让女人死心塌地地爱自己、跟着自己。他所要表达的是一种强势的爱，不容置疑的爱。

另外，他们也可能对双方的关系缺乏信心，害怕女人怀疑自己，就以这句话来吸引女人，稳定她的心情，达到顺利交往的目的。

总之，这种男人就像开屏的孔雀，为的是吸引异性的目光。他们或许真的很好，或许真的优秀出众，但未必真的适合你，真的可以做你的好男友。

所以，相信他是一个好男人，并不代表他一定是你的好男友。

【见招拆招】

男人说："相信我会是一个好男友。"往往是一句大话，甚至是一句空话。女人对此总是嗤之以鼻，斤斤计较，可是反过来想想，如果连这样的大话、空话都不说的男人，是不是索然无味？至少，他给了你一个做美梦的机会。

女人在爱情面前保持理性是不错，但过度自制说明你对这个男人爱得并不够深切，缺乏激情。这种恋情走下去不会幸福，就像故事中的男女，纵然男人很强大，也不能解决一切有关幸福的问题。

　　既然已经决定分手，就坚定一点走下去。因为你还有本钱去选择更适合的，还有机会去实践更令人心动的爱情。

第二章

甜言蜜语——热恋中无处不在的童话谎言

12

我和她只是朋友关系

【潜台词】尽管所有人都知道，我和她关系不寻常，可是只要你坚信，我和她只是朋友关系，这就 OK 了。

- -

晚上看电视剧，其中一个桥段看起来十分眼熟。男主角背着女友与其他女人交往，不想被女友发现了，于是他发誓赌咒地表白："我和她只不过是朋友关系，你不要多想。"这样的情节、这样的表白应该算是俗套，但却总能引发女人的唏嘘感叹，因为这种事情在我们周围也是屡见不鲜。

我年轻时曾遇到过一次这样的爱情。我和孙立德是大学同学，由于是同乡平日走动多一点。一次孙立德病了，我知道独自在外远离亲人的滋味，想也没多想就带他去了医院。孙立德属于内向的男生，一向不爱说话，只是连声对我说"谢谢"。

第二天我去看望他，可是他似乎有意躲避我。几天下来，我们没说一句话。一天放学他突然站在我面前说："自从读大学以来，从来没有人对我这么好。我十分喜欢你，想和你在一起。"

我完全吓呆了，愣在那里半天无语。难道这么小的付出会换取一个人死心塌地的爱情？他是认真的，还是……真是万千思绪在心头，却不知说什么是好。不知年轻的我是害羞还是害怕，反正头也不回地跑开了。

此后，孙立德像变了个人，不再沉默向我展开了一轮轮爱情攻势。对他说不上多么动心，但那种踏实和真诚的感觉我很喜欢。不知不觉我们的关系变得热切起来，一起上课、吃饭，出则成双，入则成对，成为众多校园恋人中的一对。

就这样，伴随着学业结束我们一起回到家乡，谋求工作，创立事业。孙立德的父母在当地很有威望，很快把他安排进了一所大学工作。而对我他们的态度不甚明确，一方面许诺给我找工作，一方面又迟迟不见动静。

我是个闲不住的人，不愿意在家待着，就自己联系了一家公司去上班。工作不是很好，但有份收入总算不错。工作之后时间不如从前自由，我和孙立德见面的机会少了。但我们还是彼此相爱，积极谋划着未来的生活。

这时，我忽然听到了一件不该听到的事情，除了我之外孙立德还和其他女孩有交往。我也不清楚这个捕风捉影的信息是如何传到我耳朵里的，但我立刻有了警觉心。不久，我就了解了事情的来龙去脉，原来孙立德读大学前，父母为他相中了一门亲事，他们两家是世交。那个女孩本来打算跟孙立德一起读大学的，可惜没考上。如今，孙立德学成归来，女孩依然念念不忘，两家父母也有意撮合，一来二去两人又有了联系。

当然，这些信息都是我打听来的，孙立德在我面前只字未提。我很郁闷，终于在一次约会时忍不住责问他这到底是怎么回事。

孙立德很意外，但随后他盯着我的眼睛一脸诚恳地说："我和她只是朋友，你放心我和她的事我会慢慢告诉你。"

之后，孙立德向我讲了很多他和那个女孩的事情，一而再地表明他们的关系很简单，请我相信他。

我还有其他选择吗？我相信他就要一直相信下去。

可是，事情远远没有这么简单。孙立德和那个女孩的关系剪不断、理更乱。自从我挑明之后，那个女孩反而大胆起来，不但经常约会孙立德，给孙立德买这买那，还跑到公司来找我结果闹得一团糟。

孙立德的态度也出现了变化，他嘴上说与她只是朋友，可是与我之间不再那么亲密，有时候好几天也不打电话。我很失落，恰在这时同学约我去台北发展，我不想继续为难下去，最终一走了之。

【心理剖析】

每个人都有一个私密的小抽屉。尤其是男人，这个小抽屉里多数私藏着和女人有关的小秘密。男人们经常会用回忆那些小秘密来满足自己的虚荣心，获得满足感。为此，男人不会刻意扔掉前女友的照片、信件、礼物等，更不会努力抹平记忆。

而女人天生就是醋坛子，她不在意男人曾经追过几个女人，而发誓要成为男人的最后一个女人，绝不允许男人吃回头草，威胁到自己独一无二的"专宠"地位。当女人发现男人旧情复燃的时候肯定极为不爽，一场酣战或冷战必不可少成了爱情大戏的压轴戏。

【见招拆招】

作为热恋中的女人，当你发现了男友过去的小秘密，甚至发现男友还对前女友心存妄想的时候，千万不要冲动。特别是对待男友隐藏前女友的一些小情物，更不能怒火中烧，大发雷霆，简单粗暴地去撕烂、砸毁，扔进垃圾桶。

要么嘛保持克制、冷静，装作不知道，眼不见心不烦；要么一笑置之，以宽大包容的心胸去面对，不纠结、不纠缠、不讨伐。

"我和她只是朋友关系。"当面对男人这句言之凿凿的谎话时，给一句鼓励："我最相信我的老公啦，没关系。"千万别因此怀疑自己的魅力不如前女友，拴不住男人的心，信心一失，一败千里。你包容大度的姿态，这一刻会令男友心生愧意，想不对你刮目相看都难啦，即便对前女友有什么非分之想也会瞬间崩解。

13

你是我最后一个女人

【潜台词】小心啦，我对很多女人说过这句话。你，你之前的女人，再之前的女人，你们都想成为我最后一个女人，没办法，我只有这么说。

在我印象中，李亚林是个标准的花花公子，他的身边总是不断地更换新女人，清丽的、妖艳的、温柔的、蛮横的，好像他是个女人猎手，出去一次就能带回不同的女人来。

就是这样的一个人，几个月前又带回一位漂亮女子，听说两人是网友。现在的网络可真不简单，简直让"红娘"丢了饭碗。这位女子皮肤白皙，个子虽然不高，但勤快能干，每天忙进忙出，俨然一位贤惠妻子。

渐渐地她跟我们小区的人熟悉起来，每天午后都会坐在花园里与上了年纪的阿婆聊天。俗话说君子有成人之美，尽管李亚林品行差，可是谁也不愿当着他女友的面说这件事，只是附和着她说些别的事情。

可是，世上没有不透风的墙，这个女人还是听说了李亚林先前的种种恶迹，然后与他大吵大闹。

所有人都认为她很快就会离开，再也不跟李亚林过下去了。可是出乎大家意料，她不但没走，还和从前一样进出忙碌，好像什么都没有发生。

一次，她又在花园里和大家闲聊，一位好事的阿婆忍不住问："小姐，看你年纪轻轻的，真打算和亚林过一辈子？"

她先是脸红，接着抬起头坦然回答道："他说了，我是他最后一个女人。"

看她的意思，既然有了这样的誓言，必有这样的行动，这样的男人不值得继续过下去吗？

在场的人面面相觑，谁也没说什么。其实，以阿婆们的年纪和经历，她们对这句话的相信度恐怕大打折扣。

何止如此，在我的好友中就有不少女人听男人说过这句话，为这句话感动过。宁宁大学毕业后认识了张涛杰，为他辞去工作，跟他到一家公司上班。两人卿卿我我，你侬我侬之际宁宁说："我要做你第一个女人，也是最后一个女人。"张涛杰情深义重地表示："一定一定。"

不久，由于业绩突出张涛杰被安排到分公司做总监。宁宁义无反顾在偏离市区的分公司附近为张涛杰租了房子，然后她自己每天不到六点就起床赶回总公司上班。

一天，总公司有个文件需要送到分公司，宁宁欣然前往，她想给张涛杰一个惊喜。宁宁直接来到分公司办公室，推开房门的刹那她呆了：一个年轻女孩正坐在张涛杰的腿上，两人搂抱在一起。张涛杰慌忙推开那个女孩，将其重重摔在地上。宁宁跑开了，她不相信自己的眼睛，张涛杰追出去时她已不见人影。

后来，宁宁了解到那个女孩是老板的女儿，一直都在追求张涛杰。张涛杰觉得自己经济方面较差，就想利用老板的女儿更进一步，然后跟宁宁一起过幸福日子。

没想到老板的女儿找到了宁宁，对她说："我真的很爱张涛杰，而且他答应了，我将是他最后的女人。"

至此，宁宁再也不肯原谅张涛杰。

【心理剖析】

男人是社会动物，爱美人更爱江山。当美人能带来江山的时候，男人往往会毫不犹豫地拜倒在美人的石榴裙下。究其原因，不外乎生存压力所决定的。男人们打拼一番事业并不容易，尤其初出茅庐、毫无基础的年轻人，想创业就更难，一旦有更好的条件和机遇诱惑，就会不假思索地冲上去。张涛杰就是在这种巨大的诱惑下逐渐疏远了宁宁，投入了老板女儿的怀抱。

从心理学角度来说，张涛杰选择老板的女儿有其必然性。而社会道德要求，又迫使他不能轻易抛弃宁宁，毕竟宁宁为他付出了太多太多，这种双重压力下，张涛杰选择了脚踏两条船的做法，撒谎自然就成了他的家常便饭。

【见招拆招】

男人都是薄情郎。尤其是面对巨大金钱、美色诱惑时，变心几乎是板上钉钉的事。遇到这种情况，女人该怎么办？总不能一哭二闹三上吊吧？要行动！要采取合情合理的措施，让男友换个工作生活环境，一如既往的给予他关心支持，付出真诚的爱。这样，才能真正成为他最后的一个女人。

　　即便如宁宁那样，最终放弃两人的爱情，也不要把自己当做明日黄花，失去自信，进而自暴自弃。天下何处无芳草，尝遍百草才知好嘛！总有一个男人你会是他最后的一个女人。

我会记得以后的每个纪念日

【潜台词】 既然你那么在乎，我只好强迫自己这么说。当然，我会记得的事情有很多，忘记的事情也很多，尤其是那些纪念日……

星期天晚上，我和女儿在一家餐厅里等老公，今天是女儿的生日，我特意订了一桌温馨而浪漫的晚餐，希望全家人共度这个美好时刻。之前，我没有告诉老公今天是个什么日子，想给他一个惊喜，也想考验考验他。

快晚上七点了，还不见老公现身。邻桌是一对年轻恋人，他们在我们之前就来到这里，一直卿卿我我，你侬我侬的。看样子今天是他们的一个特殊节日，男孩为女孩准备了鲜花、巧克力，还有其他礼物，女孩满脸幸福，陶醉在了爱河之中。男孩的花样很多，不单单是送上这些东西，还不停地制造一些逗女孩开心的表情和动作。

这一举动吸引了餐厅内所有人的目光，大家投来的眼光充满了祝福和羡慕。这样的时刻，这样的爱情，很多人都会心有所感，或者回想起年轻时自己经历的浪漫时光，或者在期盼将来也有这样的美妙时刻。不管怎么说，此时此刻他们的爱恋值得欣慰。

女儿显然属于后者，她天真地说："MY GOD，太炫了！"

我也不由自主地回忆起了自己年轻时的爱情时光。在和老公恋爱时，我们彼此的经济条件都一般，但我们非常珍惜这段感情，每每相聚都会难舍难分。为了表示情谊，在每一个值得纪念的日子，我们都会拿出不多的薪水逛街、去餐厅吃饭、吃零食、去书店。用老公的话说："以后每个纪念日都要好好庆祝庆祝。"这些纪念日包括相识的日子、生日、定情日、相识一周年、订婚日，等等不一。确实，热恋时我们很隆重地对待每个纪念日，婚后一段时间也有过过纪念日。可是随着时光流逝，这些日子像是长了翅膀一样，从老公的心底越飞越远。

一开始我常常提醒老公："明天是结婚纪念日。"老公一副漠然的表情："是吗？"然后没了下文。我说："再过几天就是我们认识五周年了。"老公神情淡漠："哦，过得还真快。"同样没了下文。我很生气："你不是说会记得每个纪念日吗？"老公愣了愣笑着说："记得，没忘。"随后，他好像怕了什么似的一溜烟躲进屋里，还不忘转头说："有个重要的工作不能再耽搁了。"

关于纪念日我实在没有办法让它继续美好下去。这不，就连女儿生日，如果我不提前准备，恐怕她那位可爱的老爸也会马虎掉。今天，我就是做好了准备，要让他好好反省反省。

我胡思乱想的时候，那对年轻恋人的浪漫还在上演。男孩松开女孩的手，转向大厅向着众人高声宣布："今天是我和倩倩认识三个月的纪念日，谢谢大家见证我们的爱情！"说完，他深情地望着女友说："宝贝，我会记得以后的每个纪念日！"接着是一个长长的吻。

表白固然情深义重，可是在我看来却多了一份讽刺和滑稽。看看对面的空座位，这种感觉尤其深重。不知道老公几点赶过来？也不知道他会为今天的迟到找什么借口？

【心理剖析】

　　健忘是男人特有的本领，这种本领常常发生在女人成为他的老婆之后。健忘就是不在意，不在意了当然就不记得了。男人为什么在女人成了"自己人"后，就把一切形式上的东西抛到脑后去了呢？这是男性的特质决定的。

　　男人的一生，除了婚恋期很少把精力用在男女情爱上，一旦追求女孩得手，男人就会把目光转向所谓的事业上。无疑"我会记得以后每一个纪念日。"成为男人热恋中一句名副其实的谎言。为什么男人会乐此不疲地忘记这些纪念日呢？除了认为已经不需要对女人大献殷勤外，重要的原因是情感心理疲倦。婚前在女人看来非常重要的日子，婚后在男人的眼里可以忽略不计。结婚是男人的目的，是女人的开始，不同的心理诉求，当然会得出不同的结果。

【见招拆招】

　　对待男人的家庭纪念日健忘症，作为女人你最好的招数是"引君入瓮"，强化他参与家庭纪念日活动的积极性。每到重大纪念日来临，要事先多次提醒，包括积极暗示，耳提面命，张贴"告示"，营造气氛等。并做好各种筹备工作，一旦准备就绪直接通知男人参加，这样在你准备好的晚餐上，男人就会心里闪过感激的目光，对你倍加疼爱。如果男人因为有其他事情无法参加，不责怪、不抱怨，给予充分理解，然后找个合适的机会补上，以满足自己的浪漫之情，同时让男人心生愧疚，不敢怠慢自己。

15

我什么都答应你

【潜台词】除了这件事，我什么都答应你……

很意外的我收到了一位男网友的信，放心，不是求爱信而是一封诉苦信。

这位自称 Alger 的男生半年前交了个女朋友，开始了美妙的爱情生活。像所有恋人一样，两人相爱相聚，彼此吸引。可是现在情况不同了，随着彼此性格的暴露无遗，他们之间相处出现了问题。

Alger 说他是个直脾气的人，但是从没对女友发过火，他不显山不显水地深爱着她，自认为感情深厚。女友性格偏激，心理脆弱，喜怒哀乐都会写在脸上。所以，每每遇到她不开心或者想不通的时候，Alger 都会耐心地劝解她，帮助她走出心理阴影重新开始。

可是，女友不这么认为，她觉得 Alger 不够爱自己，不够包容自己，不知道哄她、宠她，那些说教只会刺激自己。

每次 Alger 都会说："我为你揪心，为你痛苦，想方设法开解你，怎么不爱你？"

女友没有这种感觉，她本人承受打击的能力也很弱，又有强烈的好奇心。她不容许别人比她强，为了保持身材苗条，从大学时起几乎晚上不吃饭，非吃不可的话也必然会吃完吐出来。

不仅如此，吃饭时要是 Alger 说了什么令女友不高兴的话，女友也会呕吐。

对此，Alger 给女友讲了很多道理，什么节食减肥有害健康，这种行为必定有心理问题，应该做心理咨询，等等。但结果毫无用处，女友一如既往。

Alger 说他是个理性的人，但为了女友也常常创造浪漫，比如不时送一两件礼物，周末一起吃饭、逛街。有一次，为了陪女友逛街，他牺牲了参加国际研讨会的机会。这让他好多天都放不下这件事，每次说到这里都会感慨一句："为了跟她相处，我什么都答应她了。"

然而，女友好似还不肯买账，她心里装着太多的担心，家里的、公司的，事事关心，时时抑郁。Alger 真想帮她走出这种状态，一而再地摆事实讲道理，可是换来的却是女友一句讽刺："你真像个年长的教师，总是碎碎念没完没了。"

Alger 很伤心，他认为自己用心爱了却选错了方式。不久前，女友的母亲病了，医生建议去美国诊治。女友与母亲相依为命，这份重任自然落在她的肩上。破天荒的女友给 Alger 打电话说明情况并说："你立刻回来。"不巧，Alger 当时正在外地办公务，任务还没有完成，他想了想说："不用急，等我做完了这边的业务再说。"女友说："等你回来就晚了。"

Alger 没听，等他回来事情已经无法挽回，女友对他又吵又闹，一点尊严也不留。Alger 不想和她吵，他想和她分析事情的前因后果，可是女友河东狮吼根本听不进去。

Alger 真是苦恼极了，临走时忍不住说："你要是看不上我就提出来，别让我耽误了你的青春！"女友一听又火了："这是你的真心话吗？好，我答应你！"说完头也不回地走了。

真不知道该怎么发展下去，Alger 苦苦思索也无良策，他发短信给女友，声明自己还爱她，很怀念从前的美好日子。他再次重申："以后我一定事事听你的，哄你、宠你。"

女友回复：从前的感觉难以复制，她再考虑考虑。

Alger 不明白在女友面前怎么所有的道理都成了狗屁。如果今后在一起，她一定还会如此霸道。那么就算自己什么都答应她，努力去做，还能和她走下去吗？

【心理剖析】

"我什么都答应你。"其实就是"我什么也没答应你。"热恋中的男人说这句话时是真心的，后来什么也没答应当然也不是假的。男人之所以爱吹牛，是想夸耀自己的本事，暗示自己诚信，赢得女人的芳心，投其所好满足女人的物质欲和虚荣心。热恋中的女人偏偏就喜欢男人这时候的谎言，除了得到心理上短暂的满足外，剩下的只能是漫无边际的幻想和等待。而一旦男人得逞，女人成了自己的人，他就会越来越觉得自由的重要性，再也不愿意多余的付出，一切承诺都烟消云散了。

男人表面上装作大大方方，不拘小节，其实内心比女人小气得多，付出的成本和回报计算得毫厘不爽。

【见招拆招】

　　女人喜欢男人往往会喜欢到装傻的地步，男人的每一个承诺都会令女人尖叫、激动、兴奋，感到无比的幸福。"你好聪明耶！""你好厉害耶！"遇到这种情况，女人就该往自己的头上泼一盆冷水，首先冷静下来理智地看待。男人们的许诺你只管听之，做到了开心，做不到也不烦恼。然后选择那些男人能轻易做到的事情要求他去做，逐渐把他引到正确的道路上来，最大限度地为你付出。

　　承诺很容易，可是一旦陷入生活的泥潭，你不要再去指望男人会为你做出一切，能尽到一个丈夫应有的责任就是模范丈夫了。男人的付出就是挤牙膏，你要耐心慢慢挤，能挤出多少是多少。

16

你会不会做家事都没关系

【潜台词】现在我是不在乎，不过婚后你不做家务事，要留给谁去做呢？

陈心怡和苏鹏程都是我的网友，他们去年七月份在网络上认识的。两人几乎天天在网络上聊天，很聊得来。这种普通关系持续到十月份，由于苏鹏程要去参加公司的培训没办法上网，彼此就交换了电话号码。这下，他们比从前联系更频繁了，你来我往，一天24小时短信不断，晚上还要通两个小时电话，好像电话公司不收钱一样。很快他们确定了恋爱关系，陷入网络热恋之中。不巧的是陈心怡当时有病在身，没办法出门去见苏鹏程。不过网络如此发达，视讯、照片早就看了很多遍。

两人第一次真正约会是在今年一月份。在KTV包厢里，苏鹏程吻了动情的陈心怡。此后他们的爱情更加甜蜜，多半时间和精力用在了约会中。陈心怡是家里的独生女，从小到大生活在优裕的家庭环境中，别说做家务事，个人生活都是妈妈一手打理。现在，她为男友两地跑免不了受累。每当这时男友都会好言抚慰："宝贝，你受苦了。"一句话胜似冬天的暖阳，陈心怡心里热乎乎的。

　　爱情如此顺利，陈心怡便渴望着谈婚论嫁。她的意思是将这件事跟双方家长挑明，然后走正规程序，定亲、结婚。苏鹏程却不这么想，他说："宝贝，我想和你先在一起生活。"招架不住苏鹏程软磨硬缠，陈心怡最终和他上了床。当苏鹏程发现陈心怡还是处女时激动万分，对她更加疼爱，还把她大方地介绍给自己的朋友说："这是我老婆。"以"老公、老婆"互称的他们，和很多年轻人一样开始过起小日子。由于两人不在同一个城市，他们各自租了单身宿舍，周末假日不时团聚。

　　这时，陈心怡才发现自己一点家务事都不会做，屋子总是乱糟糟的。好不容易聚一聚，由于不会做饭只好去餐馆。好在苏鹏程很大度，他把陈心怡抱在怀里情意绵绵地说："只要我们相爱，会不会做家务事没关系。"陈心怡除了感动，还是感动。

　　可是，感动的日子没有持续多久，陈心怡听说了一件坏消息。有朋友告诉她，之前苏鹏程有过好几个女友，他是富家子弟，爸爸有公司。陈心怡忍不住责问苏鹏程，结果两人闹得不欢而散。从此，他们的关系急转直下，虽然还时常约会，可是陈心怡很痛苦。苏鹏程给她打电话、发短信越来越少，还说什么现在他们到了磨合期需要冷静，不能像热恋时一样天天黏在一起。

　　陈心怡真的无法接受这样的说辞，她追问苏鹏程还爱自己吗？打不打算继续下去？苏鹏程的回答令她伤心透顶，他说："我说爱你，可是你会做什么？洗衣服还是做饭？你会生孩子带孩子吗？我爱你又能怎样，这并不代表我们就有未来。"

　　话说到这个份上，陈心怡彻底崩溃。

【心理剖析】

从生物本能上说，男人是狩猎动物，女人是采摘动物，家务事重任自然也就落到了女人的头上。如果你真相信男人不在意女人会不会做家务事就大错特错了。结婚前他当然不在乎，那是为了追到你，结婚后你再相信那鬼话，坚决不做家务事，等来的结果几乎是零容忍。

女人婚前是男人的玩伴，婚后是男人的保姆。如果你从家务事中解放出来了，离从家庭中解放出来就不远了。

【见招拆招】

新时代的熟女已摇身一变成了自立自强的知识女性，大多数都不喜欢下厨房、做家务事。热恋的时候，酒吧、咖啡馆泡着省事又浪漫，结婚后就大不同了，关门过日子，公主格格变成了厨娘。

为此劝告那些转型期的女士们，从花季萝莉到良家妇女，必须要为自己未来生活定好位，在努力工作之余，展露一下贤妻良母的气质会让男人更加爱你。

下次不会了，给我时间我一定改

【潜台词】错误就是用来犯的，不犯哪有下次？所以，亲爱的，忍忍吧！也许次数多了你就适应了。

萱萱是我表姐的女儿，三年前，她大学毕业后没有在大城市找到合适的工作，就在家人劝说下回到了家乡小镇。别看这个小镇地方不大，可是拥有一家上市公司。萱萱很快进入这家公司上班，并认识了公司的主管李明伟强。李明伟强比萱萱大六岁，成熟风趣，懂得生活，还很会体贴人。

多年来，萱萱的父母感情一直不好，父亲极少回家，唯一为孩子做的就是给她汇点钱。我也曾劝过表姐离婚，可是她最终没下得了决心，事情就这么拖着。萱萱从小在这种环境长大，显然缺少父爱关怀。所以，李明伟强这位大哥式的男友一出现，就让她感到了温馨和安全。她渐渐卸去身上伪装的坚强，并慢慢爱上了李明伟强。

表姐对李明伟强十分满意，就连长年不回家的表姐夫也表示出了赞同。李明伟强的父母对萱萱更是喜欢，至此，萱萱完全沉浸在了爱情的幸福中。

　　萱萱是个有上进心的女孩，不甘心在企业打一辈子工，她筹集资金开了一家服装品牌专卖店。这次独立创业萱萱付出了很多，尤其是李明伟强和他家人的支持和关爱，让她非常感动。接下来，双方父母开始为他们筹备婚事。李明伟强的精明能干、成熟体贴，让萱萱引以为豪，他们成了人人羡慕的一对爱侣。

　　然而天有不测风云。三个月前的一天晚上，萱萱本来说好了回妈妈家的，可是天上忽然飘起小雨，所以她就回到了自己的爱巢。路上她想李明伟强一定很意外，不妨给他个惊喜，于是买了好吃的晚餐，准备浪漫一下。

　　回家后，萱萱发现李明伟强没有回来，电话一联系得知他临时加班，公司明天要迎接一次检查。萱萱决定等李明伟强回来一起吃饭，就把饭菜放好，打开了计算机。这是李明伟强的计算机她很少动。她在上面随便翻看着、点击着，突然令她震惊的画面出现了，那是李明伟强和一个女人做爱的录像！萱萱傻住了，彻底崩溃了。自己最信任的情人竟会做出如此无耻的事情，如此背叛自己，她不知所措，叫来李明伟强的母亲和姐姐向她们哭诉。

　　事发之后，李明伟强跪在萱萱面前痛哭流涕乞求原谅，并解释说那是认识萱萱之前的事，他早就忘了，因此没有实时删除。他反复表白自己多么多么爱萱萱，绝不想失去她，并对天发誓：“下次绝对不会了，你相信我，我一定改。”

　　之后，李明伟强一而再地对萱萱发誓，求她看在那时他年轻不懂事的份上，原谅他做过的傻事。毕竟有了三年感情，萱萱的心也不是铁打的，就慢慢地相信了李明伟强的话并试着原谅他。

　　可是几天前，萱萱又得到了令她绝望的信息，原来李明伟强和那个女人是半年前认识的，他们一直有来往而且很密切。用朋友的话说，就萱萱一人被蒙在鼓里。现在，两人的关系依然没有断掉。

萱萱简直气疯了，她恨不能杀了李明伟强。李明伟强呢？每天向她忏悔表决心："给我点时间，好不好？我一定会和她一刀两断。"他的家人也帮着劝萱萱，劝她忘掉过去重新开始。

现在的萱萱想分手却痛苦无比。

【心理剖析】

是猫就喜欢偷腥。三妻四妾是男人们的梦想，性解放的大潮正席卷着世界，这很对男人的口味，令其暗暗窃喜。因为性不仅有生育繁殖的功能，更具有愉悦和沟通的功能，这使得男人更愿意借助性来愉悦身心，释放压力。这种释放一旦成瘾就会让人不能自拔。因此，即便是再真情的男人，如此过分的做法，也会极大地伤害女人的心灵，给女人带来难以平复的痛苦。

【见招拆招】

任何得到都需要付出的。男人有了外遇你不必惊慌。只要他记得回家的路，知道尽一个男人的责任，聪明的女人就应该睁一只眼闭一只眼，没必要一哭二闹三上吊，非要弄个你死我活。当然，假装不知道并非真的不知道，采取适当的措施去令男人回头还是必须的。正所谓"回头是岸"，你正在那里温柔地等待着他，我就不信他会无动于衷。跑再远的狗也会回家吃食,性游戏疲倦的男人早晚要回归家庭的。

当然,如果男人的性游戏到变态的程度,以伤害你的感情和心灵为代价的时候,你还犹豫什么?毫不犹豫地离开他,去追求自己平静而快乐的生活吧!虽然这是你不愿付出的,但这也是把伤害降到最低的办法。

18

我正在努力

【潜台词】我正在努力讨你的好。亲爱的，我的意思是能瞒过你一时是一时，能交往一刻是一刻。别太难为我了，好不好？

在我们公司小宁是出了名的"贤惠"女人。虽然她还没结婚，可是与男友相恋七年，对他一直不嫌不弃，还奉献出了自己的所有。同事们都劝小宁："快结婚吧！这样下去有什么意思？"小宁笑笑，不管什么事她都听男友的。

小宁的男友杨胜明，英俊潇洒，口才极佳，他的甜言蜜语让小宁沉醉不已。他们相识时小宁已经工作，杨胜明刚刚大学毕业。不像其他年轻人一样，杨胜明没有去找工作，他说："大学生没什么价值了，即使找个工作也难有发展。"他琢磨来琢磨去决定考研究所，以图未来发展。他对小宁说："只有我的将来有所保证后，才能给予你幸福的生活，让你有强大的依靠。"小宁很感动并全心全意支持他。

从此，小宁每天朝九晚五地上班赚钱，杨胜明在家努力用功。自然两人的日常开支负担都是小宁的。

杨胜明还对小宁说："男人不能没有面子和尊严，不能让朋友说我靠你养活。"为此他拿走了小宁的薪资提款卡，可以随意支配金钱以备所需。他不时地对小宁说："你爱我就该为我的面子和尊严着想，这样你也有面子啊！"

两人外出购物或者参加朋友聚会，杨胜明常用小宁的 VISA 卡抢着买单毫不含糊。小宁呢？看着别人投来的羡慕眼光，还感觉很爽。结果，VISA 卡里到底有多少钱，她自己也不清楚了。

可是，杨胜明一连考了几年都没考上，小宁劝他放弃，他却一副不肯轻易放弃的姿态："我爱你就必须考下去，只有考上了才有好工作、好未来，才能给你快乐幸福的生活。"

小宁不想继续等下去了，她说："我们一起三年了，就差领证了，结婚后再考也一样。"

杨胜明却不同意："我现在这样的条件娶你，根本无法保障以后的生活。等我有了能力再娶你，因为我爱你必须对你负责。"

这位一口一个"负责"的男友常常给小宁制造小惊喜，情人节送束"蓝色妖姬"，然后深情表白："亲爱的，我有多爱你，你永远不知道。"小宁生日专门接她下班，然后去餐厅共享烛光晚餐，再说些肉麻的爱语，表述一下自己的雄心壮志："亲爱的，我的努力不会白付出，我一定会给你最美好的未来。"

虽然玫瑰和晚餐以及其他开支都来自小宁的 VISA 卡，但这些甜言蜜语早已把她感动得一塌糊涂，至于结婚随它去吧！至于金钱，没必要跟情人分得那么清楚。

很快七年过去了，这期间小宁几次怀孕，却几次流产。因为杨胜明的理由很多，"我不想孩子过早分担我们的爱情""现在条件不允许""不能给孩子一个良好的家庭环境，我很愧疚""再给我些时间，我正在努力呢！相信我，我永远爱你"。

这时的杨胜明考研究所的梦想已经彻底破灭，他不愿意上班，却总想做生意发大财。可是小宁的薪水只够日常开支，现在哪有本钱做生意？杨胜明就逼着小宁去借钱，小宁没办法，只好东凑西凑借了许多钱给他。

小宁很想知道生意做得如何，可是杨胜明不让小宁过问，只是温柔地说："宝贝，你就等着享福吧！相信我，我会努力做生意赚大钱，用最豪华的礼车迎娶你，让你做世界上最幸福的新娘。"

小宁等啊等啊！结果，她没有等到什么幸福，而是一条让她心碎的短信："我们分手吧！"从此，杨胜明人间蒸发。

查看一下VISA卡，里面只剩下十几块钱，那个口口声声"努力为她"的男人，竟然如此无耻地伤害了她。

【心理剖析】

骗，疯狂的骗，直到榨干女人的油水，再无利用价值，便一脚踢开或者一走了之。这种男人唯一付出的成本就是甜言蜜语，唯一使用的武器就是糖衣炮弹。其危险性和杀伤力是十分巨大和可怕的，所以美眉们要当心啦！

为什么这样的男人会屡屡得手？究其原因，恋爱中的女人都是傻瓜，没有几个女人能抵挡住男人的甜言蜜语，几句好话就会令她们好感动。面对男人连续不断的甜言蜜语猛攻，女人就会缴械投降，陶醉其中不能自拔，那个时候别说是VISA卡，就是身家性命也是一句话——亲爱的，只要你需要，只管拿去！这就给男人施展骗术提供了足够的心理空间。而且，女人往往会被男人所描述的美好愿景蒙蔽，直到被一脚踹开才大梦初醒。

【见招拆招】

恋爱中的女人想保持头脑清醒很难，抵挡住男人甜言蜜语的攻击更难。如何防御住被男人骗财又骗色，成为他利用的工具呢？一句话，即便是热恋中也要有主见。把持住自我，最大限度地使自己发热的大脑降温。把男人当成商业伙伴看待，有付出就要求回报，时刻检查他的口袋，长期不懈地督促检查他的工作和事业。一旦发现是个大话王立刻保持距离，然后经过周密侦查确定其是个好吃懒做的大骗子后，要坚决果断闪电般结束这段感情。

我不在乎你的过去

【潜台词】我这么说也很想这么做，如果你没有一个复杂的过去，放心，我会做得很好。问题是你的过去总让人怀疑，这就不好办了。

近来，影星赵文卓与甄子丹骂战，不想伤害了无辜的女人舒淇。舒淇惹祸上身，只因为在这场口水战中力挺了甄子丹，结果赵文卓的粉丝不依不饶，把她多年前的古装艳照放到网络上。红颜一怒，删除了微博日志并取消关注。

此娱乐新闻轰动一时，围观者无数。仔细梳理梳理，大家关心的不过是一件事：男人究竟怎样看待女人的过去？

由舒淇联想自身，好多女人和男人都就此事发表了自己的观点和看法。

其中一个女人说："我又收到了老公的短信，他说我就是坏女人一个，谁都知道我的过去。他感觉窝囊，吃哑巴亏，顶了个绿帽子。"

言词之恶劣，相信做老婆的看了，一点自尊心都没了。

这让我想到了身边的朋友李文艳。

李文艳结婚五年，有个两岁的儿子。当初，她跟大学时的男同学相遇并相爱了。这位男同学家境富裕，父母经商，据说资产过亿，而且家族的亲戚非富即贵，是当地显赫的名门。作为家里的独生子，父母对儿子的期望之高可以想象。

后来，面对这样的爱情，李文艳犹豫了，彷徨了，最后选择了退出。

而她与现任老公的婚姻是母亲操办的，当时她刚刚工作，父亲患了绝症，弟弟还在读书，家里没有什么经济来源。母亲没办法，只好把希望寄托到她这个女儿身上，托人给她找了一个家底殷实、人品忠厚的男人。虽然李文艳对老公不满意，可是母亲逼迫她："如果你不答应，我就和你断绝母女关系！"

李文艳不得不妥协。婚后，老公还比较称职，但她始终对他缺乏激情。

后来，李文艳参加同学聚会遇到了前男友。几年不见，他更加幽默风趣，懂得体贴关心人。很快他们陷入了恋情之中，每次相聚都会令李文艳久久难忘，她渴盼着、忍受着思念的煎熬。前男友也屡屡对她表白"多么多么爱她，多么多么想她"，对她疼爱有加，给予无微不至的关心。

婚外情的女人总想得到一份承诺，李文艳与前男友也谈到了婚姻。但前男友每次都会说："再等等吧！放心，只要你离婚了，我就会娶你回家。"可是从他的眼神中，李文艳读到了许诺背后的很多含义：他在意家人的看法，在意家人看李文艳的眼光，这样的女人能否进入他的家庭？这样的过去家人是否会接受，会包容？还有孩子，还有……

【心理剖析】

很多男人对女人表白："我不在乎你的过去，我爱的是现在的你。"这句话听起来动人，实际上却是自欺欺人。没有一个男人不在乎女人的过去，所以我们看到一个好女孩会嫁给一个坏男人，而一个好男人绝不会娶一个曾经劣迹斑斑的女人。

因为在男人的传统思想里，女人必须从过去到未来都是纯洁的。

男人有很强的占有欲，他希望女人彻头彻尾属于自己，过去的也好，未来的也罢，都要全盘拥有。

另外，男人的嫉妒心更强烈，莎士比亚的名剧《奥赛罗》就讲述了一个男人怀疑妻子与他人有染，而活活将其勒死的故事。

男人把女人当做了自己的财产，不容许任何的不忠和背叛。这也表现出自己的心虚和自卑，他害怕无法控制女人，不能长久地拥有女人，所以才去强制她。

但是这种心思男人在热恋中是不会说出口的，说了女人就会受惊逃走。为了掳获女人的心，只好违心地表白一下啦！

【见招拆招】

女人常常为一件事烦恼：要不要对男友坦诚自己的过去？当然，这段过去很不光彩。

很明显社会对女人的过去要求很严，犯了错误的话几乎得不到宽恕。

基于此，女人坦诚过去的问题就十分严重。最理想的情况是把一切都告诉他，得到他的谅解，然后结婚。

　　可是男人很自私，听了你的告白后，很多会选择拂袖而去。即便没有离开，这也成了他折磨你的一大法宝。

　　表面上他或许会装得无所谓，内心里随着激情消退他会越来越看不起你，越来越觉得吃亏。最后成了他背叛你、伤害你的最佳理由。

　　所以，女性在对待过去的问题上，不要轻信男人的许诺，今天他说"不在乎你的过去"，无非是想逼你抖落出所有的"过去"，表达一下自己的爱有多重，让你对他死心塌地。

　　可是人性难改，过度坦诚只会成为一颗"定时炸弹"，避免被炸伤女人最好不要过度坦诚。

我不在乎你是不是处女

【潜台词】纵然让我伤心，我也只能强忍。如果，我是说如果，你真的是处女，我会比现在更开心，会更爱你。

她叫岳心圆，是我的一个朋友，今年二十四岁。由于喜欢听我分析男女情感问题，常常向我倾诉自己的情感困惑。

在她读高中的时候，糊里糊涂认识了一个阿飞，并把初夜交给了他。可想而知，这是一段不堪回事的往事，所幸没有给她造成太大伤害。随着时光流逝，她甚至逐渐忘却了那段经历。

后来考上了大学，远离从前生活的环境，岳心圆很快融入新的生活当中。每天，她和同学们一起上下课，外出活动，参加实习，还打工赚钱。时光飞逝，两年过去了，很多同学耐不住青春萌动，纷纷谈起了恋爱。岳心圆青春靓丽，追求她的男生每一个都年轻、帅气。哪个少女不怀春，岳心圆在心里默默地比较着，选择着。

后来，一位叫嘉华的男生让她芳心暗动，并最终与之发展成为情侣关系。恋爱是那么美好，不知不觉，两年时间过去了。在这期间虽然两人关系十分亲密，但在岳心圆的坚持下没有跨越雷区，他们之间是纯洁的。岳心圆对男友说："我一定要坚持到婚后才真正属于你。"嘉华同意了，觉得这样的女友非常值得尊重。

大学毕业后，他们一起应征工作，积极筹备未来的生活。这时，不少同学朋友纷纷谋划结婚之事。一次他们去参加一位女同学的婚礼，这位女生在校时谈过恋爱，与男友同居过，后来分手了。但她现在找的老公依然条件很好，看上去对她也十分恩爱。她曾私下对岳心圆夸口："我这个老公真的爱我，一点都不在乎我以前的事。"岳心圆吃惊地问："你把你的过去告诉他了？"

女同学不以为然地说："现在谁还在乎老婆是不是处女？"

这件事触动了岳心圆隐藏心底多年的心事，她想："要不要把我的事也告诉嘉华？他会不会在乎我是不是处女？"

这天晚餐时，岳心圆做了几个男友爱吃的小菜，边吃边聊，聊到了那位刚刚结婚的女同学，她故意说："她很有福呢！老公条件好，还不在乎她以前的事。"

嘉华说："这有什么好在乎的，只要彼此相爱，别的不重要。"

岳心圆撇撇嘴，故作无心地说："听你的意思，你也会接受这样的女人做老婆喽！"

嘉华大咧咧地回答："当然可以啦！"

这句话仿佛给岳心圆吃了一颗定心丸。

没多久两人领了结婚证书，打算一个月后举行婚礼。不过，既然已是法律上的夫妻，就可以正大光明地生活在一起。

可是还不到十天，嘉华的态度变了，岳心圆感觉他时时刻刻都在为难自己，却又说不出为什么。直到有一天，嘉华喝醉了酒，说出了自己的心事："可笑，可恶，我娶了一个别人穿过的鞋子。"

岳心圆听了这话，简直都要崩溃了。原来嘉华对自己的爱还是比不过贞操。看来，他当初说的都是谎话。俗话说：说起来容易做起来难。当初信誓旦旦不在乎的事，现在竟然因此如此厌恶自己。岳心圆发现老公对自己一天不如一天，眼看就要临近婚礼，到底是到此止步，还是冒险往前走？她很痛苦，很无助。

【心理剖析】

男人拥有一个女人时，希望拥有的是整体，既包括心灵也包括身体，既包括现在也包括过去。如果女人与其他男人发生过性行为，意味着不再完整。

处女代表着纯洁，哪怕她不够漂亮，可是给男人带来心理上的莫大荣耀：我的女人很洁净。

这与长久以来的传统观念有关。传统思想认为处女会给男人带来好运，使男人身体健康，事业发达。而且人们对于"第一次"的崇拜心理，比如处女作、处女秀，等等。在宣扬"第一次"的重要意义时，给人们造成了这样的心理：第一次才是最好的。

另外，男人的征服欲迫使他们喜欢处女，希望彻彻底底拥有一个完全属于自己的女人。

从以上分析来看，男人说"不在乎你是不是处女"，潜台词却是"我不在乎别人的老婆是不是处女，可是我的老婆必须是处女"。

所以，恋爱时男人也许会真的不在乎，一旦谈论婚嫁了就真的很在乎。

【见招拆招】

没有一个女人愿意随随便便失去贞操，可是很多女人还是这么失去了。这时，悔恨没有用，自暴自弃也不可取，最好的办法是不要输给自己。

不要以为爱过了一个劣质男人，便认为全世界的男人都不可靠，这种人为的情感十字架必须抛弃。

"非处女"没有那么可悲，可悲的是你能否真的抓住了一个男人的心。做个自信的女人，不要在那段无谓的伤痛中挣扎，告诉男人"我很好，很值得你爱"！

要是你怀孕了我们就结婚

【潜台词】以目前来说，我对婚事没有太大兴趣。要是你急着结婚，我也没什么好办法。

一个刚刚大学毕业的年轻女孩，在步入社会的同时，遭遇了人生第一场失败的恋情。她不得不忍心打掉了肚子里的孩子，与男友分道扬镳。

这个女孩今年22岁，是我朋友的女儿，名字叫欣欣。这次恋爱之前，欣欣从来没谈过恋爱，对此妈妈还夸她听话、懂事、单纯。单纯的欣欣毕业后在一家公司做接待工作，认识了来自不同阶层的人士，尤其是一些成功男士。有时候为了工作需要，她也会陪着客户去KTV唱歌。

有位从香港来的商人很喜欢文静恬淡的欣欣，常常约她去唱歌。几次接触后，他开始邀约欣欣吃饭，还送她礼物。一开始欣欣会拒绝，可是对方四十多岁的年纪，事业有成，精明能干，谈吐风趣，很快就攻破了她的心理防线。

与其说欣欣喜欢这位"大叔级"的商人，倒不如说她崇拜、迷恋他。

很快商人征服了欣欣，把她带到了自己的床上。

之后，欣欣才了解到商人的一些情况，他没有老婆、没有孩子，是个钻石王老五，其他具体的经历就不得而知了。

年轻的欣欣在乎的是商人会给自己什么承诺。渐渐地她发现商人说话不算话，说给她名分，给她父母买房子，给她钱开店，可是一件都没有兑现。更令她恼火的是自己怀孕了。

欣欣吓坏了，找到商人大闹："你不是说没有生育能力了吗？我怎么怀孕了？"原来，在骗她上床之前，商人说自己失去了生育能力，不会让女人怀孕，欣欣这才糊里糊涂与他同床共眠。

现在怀孕了怎么办？从没想过婚姻大事的欣欣决定委曲求全，她对商人说："我同意跟你结婚了。"之前商人曾有许诺："要是你怀孕了，我们就结婚。"那时的欣欣哪有这个心思，可是今非昔比，如果讨得一个名分也是好的。

没想到商人仿佛得了失忆症，对自己说过的话拒不认账，他说："结什么婚，你把孩子生下来，我给你一笔补偿。"

真是晴天霹雳，欣欣愤怒到极点，她说："不可能，我不会为你生这个孩子。"现在她终于明白，这个商人不过是找个代孕机器，自己太幼稚，竟然被他耍了。

欣欣不想一败涂地，觉得自己应该得到一定补偿，为此她多次找商人，并打算找人帮自己出气。可是年轻的她哪里斗得过混迹社会多年的商人。一次次联系，一次次伤心，那个商人还给欣欣泼脏水，说她的衣柜里有其他男人的衣服，说她为了前途什么都舍得出卖，等等。

欣欣的妈妈知道了女儿的不幸遭遇，十分气愤也很不甘心，她找到我说："我咽不下这口气。我要找他理论，我要他补偿我女儿，不然我跟他没完，他的公司也别想开下去了。"

【心理剖析】

男人说："要是你怀孕了，我们就结婚。"摆明了是一种耍赖的态度，诚信度很低。

正常的婚姻次序是先结婚再生子，而说出"怀孕了就结婚"的男人，抱着"奉子成婚"的心态，表明他的爱不够真。他要的是女人的身体、两性的欢愉，甚至是繁衍后代的义务，至于婚姻的责任，对女人的爱没想太多。

可以说从一开始他的态度就很差，不是为了爱而爱，而是为了性而乱来。为了糊弄女人，让女人跟自己做爱，什么都敢许诺，才有了"怀孕就结婚"的谎言。

如此草率、直白、不够真情的婚姻许诺，只有傻女人才会相信。

【见招拆招】

女人怕怀孕所以拒绝男人的求欢。男人为了打消女人的顾虑，给她最想听的诺言"怀孕了就结婚"。女人信以为真，撤销了最后防线与男人一夜欢愉。

可是问题来了，女人真的怀孕了，男人会娶她吗？

要男人兑现这一诺言，完全是件概率很小的事。在他看来这不过是一句求欢的借口，怎么能够和婚姻扯上关系？

所以，女人不要傻了。问问自己"到时候他不娶我怎么办？"理智地反问，有助于清醒地对待婚恋。

结婚以后所有事情都听你的

【潜台词】亲爱的，吃什么、穿什么、用什么，通通由你说了算，但是买车买房的事，还要经过我这一关。反正这样的事也不多，总体来说你当家做主的事情更多。

　　在朋友圈里，齐美算得上是才貌双全、通情达理的好女孩。虽然出生在都市富裕家庭，但她对乡村来的"凤凰男友"很少挑剔，从没有因为出身背景瞧不起他。

　　由于两人都已经二十七八岁了，齐美的父母有些着急，很想女儿赶快找到情感和生活的归宿。他们对齐美的男友也很中意，看着这位一表人才、学识渊博、颇懂为人处世的未来女婿，并没有顾虑他的家庭状况，反而替他着想，认为他事业刚刚起步，家里条件较差，会尽量安排婚事。

　　之后，齐美跟着男友回了一次家乡。说实话，齐美此行不过是走程序，至于家庭情况如何她是不在乎的，所以她根本没有关注一些细节，而且大方地做了一个未来儿媳妇该做的事情。

　　齐美认为自己的表现是不错的，男友家人应该会赞同他们的婚事。然而，男友家的反应让她大吃一惊，他们觉得齐美太瘦了，婚后生不出儿子；而且从小在城里长大的女孩娇生惯养，以后生活肯定会麻烦不断；还有，与齐美结婚等于倒插门，今后家里人还能指望儿子什么？所以，他们希望儿子回来找媳妇，还一厢情愿地托人介绍了个姑娘。这样的想法和做法让齐美哭笑不得，好在男友心胸豁达开朗，劝慰齐美不要把这些事放在心上。可是齐美还是心有芥蒂，她说："你家里这么想这么做，以后你夹在我们中间不是受气吗？"

男友倒很坚决："放心，只要我们结了婚，家人不会太多干涉的。"

齐美撇嘴说："是吗？结婚后你都听我的？"

男友笑了："听你的，听你的，什么事都听你的。"

不多久婚事提上了议事行程。齐美和男友先去领了结婚证书，然后筹备婚礼，以及新房礼车等事。齐美的父母决定为女儿大手笔操办婚事，所以婚礼、新房都准备好了。齐美一家忙里忙外，有时候征询男友的意见，他总是憨厚地笑笑："挺好的，你们看着办就行。"事情准备得差不多了，齐美想着自己和男友工作多年都有积蓄，不能总是让父母出钱，因此提议礼车由他们自己买。

谁知男友一听这话，头摇得像拨浪鼓似的："不行不行，买什么车？我们都没有驾照，买辆车有什么用？"

齐美说："没有驾照可以考啊！你看看现在年轻人谁不开车上下班！"

男友还是反对："没必要，整天为塞车繁心不值得。"

齐美很纳闷，男友这是怎么啦？从一开始筹备婚事到现在，什么事他都听自己的，怎么现在突然变了？

矛盾一旦打开缺口就像泛滥的洪水不可收拾。接下来齐美认为男友的家里虽然没钱，可是也不能袖手旁观，应该有所表示，最起码婚礼的费用该负担一部分。可是男友一脸为难的表情，说父亲刚刚动了手术，母亲一直身体不好，等等。这让齐美很寒心，他家里娶媳妇就这么一毛不拔？这个婚究竟要不要结了？

【心理剖析】

婚前，男人对女人说"婚后一切都听你的"，为的是讨女人欢心，卖弄自己的体贴和温情。婚后，男人履行诺言的可能性，比火星撞地球的概率还低。婚姻中的男人，永远忘不了自己在家庭中的地位：我是家长，我说了算。我可以大方一点，吃喝拉撒的小事嘛，交给你处理好了。买车买房的大事，当然得经过我批准才行。

【见招拆招】

男人的这句谎言，通常没有多少恶意，不过是为了讨好女人嘴上抹了蜜。

甜言蜜语可以听，也可以不听。关键是听了也不必太当真，可以笑着说："听我的干吗？大事、小事还是商量着来更好。"显示出一种宽容和理解的态度，同时也告诉男人，"我不会强势到事事当家，但你也要心里有数，不能糊弄我，家里的事最好两个人共同决定。"

不战而屈人之兵，这是女人的聪明。

千万不可为了这句话与男人作对。傻女人总是事事认真，抓住男人说过的某句话不松口，争辩"你不是说听我的吗？怎么说了不算？"

这种做法只会激怒男人，让他感觉丢了颜面，受了气，以后会更不听你的。

第三章

闪烁其词——男人婚后少不了的无奈谎言

23

我应酬还不是为了这个家

【潜台词】家里太闷了，我出去是为了放松一下，你再纠缠的话，我"工作很忙"的时间会更多。

夜里11点，忽然接到好友丽丽的电话，她是名护士，经常值夜班，因此我很自然地问了一句："又值班了？"丽丽长长地叹口气："值什么班？现在家里都快没我的班值了。""怎么回事？"我听出她的话里有话。"还能什么事？还不是因为我老公！"接着，丽丽开始向我痛诉老公的种种罪过。听来听去我总结了几个字：老公忙于应酬不回家。

丽丽的老公是一家上市公司的销售经理，工作需要常常在各地飞来飞去，应酬是少不了的。由于他个性开朗，很喜欢交际，朋友、同学、客户在一起吃饭、打麻将、唱歌是家常便饭。这样一来，家务事全落在了丽丽一人肩上，她既要上班还要带孩子。每天忙完了，她觉得自己身心俱疲，可是那个该宽慰她、给她温暖的老公，却不知道在哪里逍遥呢！

每当这种时候，丽丽总忍不住给老公打电话，一开始老公还敷衍几句，说陪客户吃饭，或者同学聚会，等等，很快就回去。可是很快是多久？她等啊等，晚上十点多了，还不见动静，她再次打电话过去，老公又说去喝茶了。

这种事情天天上演，丽丽简直快要崩溃了。最让她无法忍受的是，深夜时分丽丽在家等烦了，不停地拨电话，老公呢？干脆挂断，然后直到凌晨两三点钟才回来。

当然，他们吵架的次数也越来越多。丽丽是个急性子，她老公的脾气更火爆，为此两人吵得天翻地覆。老公一副满不在乎的姿态，理直气壮地朝着她吼叫："我天天应酬，还不是为了赚钱，为了这个家！"有时候情绪激动了还借着酒劲摔东西。总之，他认为丽丽天天跟在屁股后面像催债似的，管得太严了，他太压抑，受不了。

想想两人在一起不容易，再加上孩子也小，老公除了应酬多其他方面还好，丽丽很想控制自己的情绪，不能冲动。所以，每次吵架之后都会原谅老公，希望继续好好过日子。一旦两人心平气和了，她也会劝老公："应酬多了对身体不好，没必要的场合就别去了，还是一家人和和乐乐过日子吧！"老公也表示自己也有做得不对的地方，以后会尽量顾家。

可是，老公一旦出去了就立刻忘乎所以，把自己说过的话都抛到九霄云外，该回家不回家。丽丽很生气，责问他为何出尔反尔。这时老公就会气急败坏，瞪眼睛挥拳头，觉得丽丽是在无理取闹。

次数多了，丽丽也灰了心，她觉得自己改变不了老公，也许离婚是最好的出路。可是孩子怎么办？以后自己的路又该如何走？

【心理剖析】

男人说："我能不应酬吗？"意思是说，"我很喜欢应酬。"

男人说："我应酬是为了这个家。"意思是说："别干涉我，我很喜欢应酬。"

应酬是男人体面的幌子，许多暧昧的、不想为老婆知道的行为都是"应酬"的产物。

从字面理解，"应酬"不过是为了某种目的去做不想做、又不得不做的事，去见一些不愿见、又不得不见的人。听起来是在强迫自己做某些事，可是男人为什么乐此不疲呢？

首先，男人是社交性动物，离开群体的生活对他来说很难接受。所以，他害怕孤独，很喜欢与朋友们在一起。

其次，男人喜欢吹嘘，场面多大，地位就多重要。一个没有交际圈的男人，总是不被人瞧得起。

所以，"应酬"再累男人也会趋之若鹜。更何况现代社会的应酬，还附带着很多情色因素。

综合来看，男人应酬是一种心理需求，他对老婆说"为了家而应酬"，不过是一句简单的谎言。给老婆的暗示是：应酬很累我不想应酬，可是为了生活我必须这么做，你一定要理解我。

【见招拆招】

男人奋斗应酬不可少。但女人要弄清楚，男人"为了家庭而应酬"这句话，是不是为了逃避家务事和夜不归宿找借口。

首先，女人要清楚男人的应酬是必不可少的。适当的应酬有助于事业发展，家庭和谐，不必斤斤计较他每次的应酬。

其次，男人应酬应该有"度"，无限制的应酬势必伤害家庭，危及婚姻。当他以"家庭"为借口时，直接告诉他："你这样做不但不利于家庭和谐，还会拆散我们！"

男人应酬是会上瘾的，防止上瘾最好就是及早打预防针。比如，增加家庭情趣，多与他交流沟通，让他感觉家的温暖。记住，不可强迫男人，也不要追着男人不放手，动不动吵闹生闷气，他感觉压抑就会更加想方设法外出"应酬"。

24

下次家务事我来做

【潜台词】我会做家务事的，只不过这个时间嘛，永远都是下一次。

朋友秀秀人如其名，相貌出众，又有学识。在大学时谈了一个有钱有貌的男朋友，可是毕业后两人分了，因为男友找了个比她更漂亮、更出色的女友。分就分了，虽然秀秀十分伤心，却也无力扭转乾坤。工作后秀秀埋头事业，竟意外收获了一位男客户的爱情。

这名男客户不仅相貌堂堂，极具口才，还是有车有房有事业的企业主。两人恋爱半年就幸福地结了婚，一年后生了个可爱的宝宝。

在外人眼里，这是一段完美的婚姻。一开始秀秀也是这么认为的，可是随着孩子一天天长大，她真是叫苦不迭。她对我说："结婚三年他老人家就睡了两年。""老人家"指的是她老公，因为比她大近十岁，所以有如此称呼。

在家里秀秀负责洗衣，做饭，拖地，带孩子，另外，还要伺候老公。

秀秀的老公习惯在家里工作，一根电话线，一台计算机，遥控指挥、安排、调度各种事务，即便躺在被窝里也能照常办公。据说，二战时英国首相丘吉尔先生就曾早起躺在床上办公，难道他也有伟人的潜质？

但是，秀秀的老公再怎么神，也没有伟人的能量，他能调度的事情很多，也有很多事情需要有人现场去操作。谁呢？秀秀是他最合适、最信任的代言人。他不停地指挥秀秀："老婆，需要一份供货合约，你去打一份，然后送过去。""老婆，你去取支票，回来把账入了。""老婆，这是一家进货公司的电话，你联系联系，做个方案。"……

秀秀一边忙着家务事，一边还要替他跑前跑后，真是气得快要疯了。有人劝她："这有什么，男人能赚钱就好。"

是，他是很能赚钱，而且也没有抽烟酗酒的嗜好，也不出"彩旗飘飘"，可是他天天在家办公，秀秀实在受不了。有时候生意不忙，他也一点家务事都不做，而是专心地打游戏、聊天，好像天生如此。秀秀忍不住与他理论，通常都是不理不睬，急了就会扔下一句："你做你的吧！吵什么，我养活一家人容易吗？"

有时候孩子哭了、闹了，秀秀一着急就朝着老公吼："你长没长眼睛？没看见孩子哭吗？你就不知道伸伸手哄哄他？"

碰上老公心情好的时候，也会把孩子接过去哄哄。可是一旦他做着事情的时候，总是凶巴巴地对孩子，弄不好又打又骂的。孩子才一岁多点真让秀秀心疼，没办法早早送了幼儿园。

老公不仅在自己家里如此做派，对待父母亲戚也是不闻不问的。他老爸病了，叫他开车送医院，他却叫来一辆出租车去帮忙。老爸住院了，他从不去看望，想起来了就让秀秀过去瞧瞧。亲戚家有喜事，他嫌路远不肯去，安排司机送去礼物。秀秀说："你也太薄情了吧！"他却说："不是有你嘛，你去就代表一切了。"

这样的老公真是让秀秀哭笑不得，有一次，她狠狠地把老公从床上揪起来，她说："你还这样我就走人，再也不回来了。"老公问："我起来做什么？你为什么要走？"秀秀说："我累了，我病了，知道吗？你看着办吧！"老公四下里看看："亲爱的，生什么气。你说，晾衣服、扫地、洗碗，我做哪一样？"

秀秀气得瞪大了双眼："什么？你还想只做其中一件吗？你应该全部都做！"

老公立刻说："下次，下次我做，好不好？"

这已经是第 N 遍的"下次"了，天啊！秀秀觉得自己没办法跟他过下去了。

【心理剖析】

有人说，男人都是射手座，上半身是人，下半身是兽，因此他表现得有时候像人有时候像兽。

婚前是一副温文尔雅的模样，懂得如何讨女人欢心，跑前跑后，忙里忙外，懂事又体贴，那时是绝世好男人。婚后兽性外露，衬衫、内裤一星期都不知换一次，袜子、领带到处飞，找不到就对你又吼又叫。想你了直奔主题，不想的时候懒得看你一眼。

男人说"下次家务事我来做"，只是为了安慰女人的一个谎言，他不想为了家务事与女人争执，只好违心地应承一下。说这句话的时候，他没有多少恶意，只是为了彼此的和谐。

【见招拆招】

为家务事吵架是夫妻间最常见的事，因为女人接受不了一个婚前甜言蜜语、无所不能的男人，婚后为何变得如此懒惰，不可理喻？

说句实在话，男人不是懒，而是不擅长家务事。而他娶女人的目的之一，就是打理他的日常生活，让他可以轻松过上井井有条的日子。

女人可以抱怨男人不做家务事，但千万当不得真。他说"下次我做家务事"，听听就好了，宽慰宽慰自我，不要追着他喊："你不是说要做家务事吗？怎么不做了？你说话不算数！"这会激怒男人，急了、烦了，他不仅不会做家务事，还会真的"说话不算话"，做出危害你们婚姻的事来，这就得不偿失了。

真想让老公做家务事，不能强迫，只能智取：哄，比强迫更有用。比如给他一个热吻，装装病，撒撒娇，男人开心了也就听话了。

真不想做家务事了，条件许可的话，不妨请个钟点工或者保姆帮自己打理家事。就像故事中的秀秀，家庭收入不错，老公事业繁忙，自己还要老婆兼秘书太累了。请个人做家务事，分担了自己的劳动量，不必让琐碎事情影响婚姻和家庭的和谐。

我这么做都是为了孩子

【潜台词】你怎么就不能为了孩子多替我想想？

- -

　　萧艳艳是一个活泼开朗的女孩，我和她有点亲戚关系，而且还在一起跑过业务。由于她个性外向，能说能干，我们都昵称她"小燕燕"。不知为什么，艳艳25岁了还没有谈过恋爱，后来在媒人的介绍下她认识了吴俊伟，他们很快热恋并出人意料地闪电结婚。当时，我去参加婚礼还笑她："你真是结婚狂啊！"

　　婚后不到一年，艳艳的女儿出生了。我和几个姐妹去喝满月酒，发现她并不是太开心。私底下问她怎么回事，她犹豫了半天也没说什么。这可不像她的性格，我们心里都藏了疑问，也不再问什么了。

　　后来，断断续续听说了她的遭遇。原来她老公吴俊伟是个不折不扣的赌徒，在认识她之前已经赌得家徒四壁，就剩下他们结婚的新房了。家里人谁也管不住他，这时有位算命先生给他父母出主意，说给他找个老婆吧！他命里怕老婆能镇住他。父母无计可施只好听从算命先生的说法，急急忙忙给他相亲结婚，艳艳就这样糊里糊涂地嫁过去了。

既然已为人妻为人母，艳艳也不想计较太多，打算与吴俊伟为明天好好奋斗。艳艳家里过得还算富裕，为了帮助女儿女婿，出钱为他们办了一个加工厂。这个厂子不大，但是利润还不错，加上艳艳能干，小夫妻俩的生活总算走上正轨。

转眼间厂子开办了九年，期间艳艳又生了个儿子，夫妻俩的关系也一直很好。吴俊伟偶尔也会出去赌一次，但都是小赌怡情，从不玩到很晚，也不会输多少钱。有时候艳艳也会提醒他："别玩上瘾了。"他都是笑笑："不会不会，为了孩子我也不能。"

本来，艳艳以为日子就会这么安静地度过，可是好景不长，前不久的一天，吴俊伟不知和什么人赌钱，竟然一夜之间输得精光，赔掉房子和厂子都不够还赌债的。由于害怕债主上门逼债，只好连夜逃回了家乡。

按理说吴俊伟犯下如此大错，艳艳会对他十分恼恨。可是艳艳是个顾家的女人，就想再给老公一次机会。由于没有事情可做，夫妻两人整天谋划生路。吴俊伟想到了出国，他姐姐在国外可以去投靠她。艳艳同意了，不过说好了两人一起去的，可是批下来的只有艳艳。吴俊伟说："你有了居留证，你先去，去了之后再申请我去。"

艳艳抛夫别子来到异国他乡，开始没日没夜地工作。她想多赚钱，想尽快与老公团聚，这样的日子一过就是三年。三年来她不停为老公申请出国，老公每次都会强调："如果我也去了，孩子怎么办？为了孩子我还是该留下来。"

艳艳以为老公疼孩子，却不料他在家里寻欢作乐了整整三年。

老公对外声称自己离婚了，找了个比自己小十岁的女人同居，这件事所有人都知道就瞒着艳艳一个人。艳艳气不过回国找了那个女人，吴俊伟主动地表示一定离开那个女人，回心转意与艳艳继续过日子。

可是这样的话怎么可轻信？艳艳很快知道他们之间"情未了"。这时她想起当年出国，他之所以没有出去都是预先谋划好的。想到这些艳艳真是心寒，现在他家里人一致痛骂吴俊伟，可是这有什么用？艳艳很想离婚，吴俊伟却振振有词："你想怎么样都行，但就是不能离婚。不为别的，我这么做还是为了我们的一对儿女。不能让他们这么小就留下父母离婚的阴影。"艳艳听得后背冒凉气，她从一开始就容忍他，难道真要容忍一辈子吗？

【心理剖析】

男人以"都是为了孩子"为借口，要求女人做这做那，显然是一种缺乏诚信的婚姻态度。他知道孩子是女人心中最大的牵挂，为了孩子女人可以牺牲一切，所以拿"孩子"说事，他就可以继续掌控老婆为所欲为。

并不是说男人不疼爱孩子，可是在孩子问题上，女人明显比男人付出的更多，牺牲的更多。

男人以"孩子"为借口目的不外乎两点：一是表现自己的爱心，让老婆觉得自己是个负责任的好老公、好父亲；二是提醒老婆接受现实，继续为婚姻和家庭付出，也就是为自己付出。

这个借口往往十分有效，女人当真舍不得孩子受半点委屈，哪怕明明知道男人在说谎，还是为了孩子继续与他过下去。

【见招拆招】

赌习难改，遇到一个赌徒老公是女人的不幸。有赌就有骗，每个赌徒都是一个活生生的骗子。艳艳的婚姻从开始就带着欺骗的色彩，在一连串骗局中她是最无辜的受害者。

即便如此艳艳还是没下决心离开老公，放弃这段婚姻，因为为了孩子她还想保住这个家。在老公一而再强调"为了孩子"的借口下，她更加为难，更加放不下。

感情不讲道理，生活却需要继续。艳艳目前的状况，如果实在舍不得孩子和家庭，也没必要分分秒秒提离婚，可以走出去做自己喜欢的事，交喜欢的朋友，学会爱自己。那时，说不定老公受你的影响，也会有了新的变化。

如果非离婚不可，有鉴于多年来婚姻中存在的财产问题，应当有心理准备，比如离婚前有没有财产转移的情况，要求法院公正判决。

26

等我有空了

【潜台词】关于这件事我真的不想做，能拖一天是一天吧！最好拖到你自己去做。不要总把注意力放在我身上，好不好？

春暖花开的日子，我想约老公一起去旅游。我家附近有个新开发的景点，公司里很多同事都去过了，我也想让老公出去活动活动，整天宅在家还不发霉了。

晚上，我跟他说："明天一早去好不好？"老公趴在计算机前闷闷地回答："等我有空吧！"

"你明天有事？"

"是的。"

"什么事？"

"还不知道呢！明天再说。"

真是让人汗颜，这样明目张胆的谎言也说得出口。不去就不去，干吗非要找借口？

其实，生活中大多数男人都喜欢这么说，他们总是"很忙"，总是没有时间陪家人，没空做一些该做的事。

老公的妹妹前几天回娘家了，她是生气回来的。她说，老公常常加班，每天都很晚回来。这也罢了，他回家后从不抽出时间陪自己，从不在乎她的感受。孩子正上幼儿园，每天接接送送他从来不管，家务事更是很少插手。一家人生活总免不了一些大小事，厨房的灯坏了需要换新的，妹妹买回来交给老公，可是老公接也不接："放那吧！等我有空再换。"

什么时候有空？左等右等一周过去了，厨房的灯依旧没亮。

表哥家的女儿结婚，妹妹想给老公买件新衣服，叫他去逛逛商场，老公还是一副不紧不慢的表情："有空再说吧！"

什么事都是"有空再说"，他沉得住气，妹妹可是快要爆炸了。一气之下她回了娘家，当然她老公还是阻拦了，不过没有拦得住。

自从妹妹回来后，那位"沉住气"的老公一通电话也不打，一个短信也不发，大概也还是"有空再说。"

表哥家的婚事如期举行，我们一家和妹妹都去了，妹妹的老公也在场。妹妹很想他能借机把自己接回去，可是他什么话也不说。

好在下午妹妹的婆婆带着儿子亲自登门，请妹妹回家。妹妹只想听听老公的意思，可恨那人始终没有多大热情，好像妹妹回不回去，都不是他的责任。

妹妹挂念女儿，还是与他一起回去了。不过晚上两人又吵起来了，妹妹想这段时间孩子跟着不开心，打算带孩子去公园走走，最好是一家三口同去。她老公一听立刻摇头回绝："明天公司还有事，有空再去吧！"

妹妹气愤地问："你心里到底有没有我们娘俩？"

他说："你怎能这么说？我不是不去，可是我要有时间才行啊！"

说完转身躺倒床上，再也不开金口。

妹妹拿他没办法，就把他的罪状告到婆婆那里。婆婆只好训斥儿子，警告他必须全心全意对待媳妇和孩子。没想到此后妹妹的老公更是变本加厉，基本上不与妹妹沟通，好像工作越来越忙，每天在家的时间越来越多，连句"有空再说"的话都很难听到了。

【心理剖析】

男人说"等我有空"的真实意思是"我不想去做，不想陪你"。但他在婚姻关系中，总是那么被动、胆怯，怕得罪女人，更怕女人纠缠，害怕说了实话女人会翻脸，吵闹生气，于是选择了找借口——"等我有空"。

当然，不想去做的实话男人不敢说出口，说了肯定招致一顿痛骂："你变心了""你不负责任""你怎么可以这么对我？""你不爱我了"……众多罪名劈头盖脸而来，男人只有招架之功毫无还手之力。因为男人不擅长解释，不喜欢与女人争论。

其实，这并非男人厌倦了女人，也并非他是两面派，而是男人结婚为的就是稳定。把女人娶回家，就像把猎物带回来一样，这件事已经完成了，已经成为过去式。我该享受得到的东西，而不是继续操心费力地与之周旋。

【见招拆招】

女人的失误在于总是喜欢相信男人，他说"等我有空"，女人就真的"等"，一等二等等不来结果就会着急上火，认为男人"说话不算话""骗人"。

要女人理解男人的谎言真的很难，她总也想不明白男人的真实意图。

其实，"等我有空"不是一句多么可恶的借口，多数时候只是一句敷衍，没有恶意。只不过说的次数多了，女人无法忍受，会想："你一而再出尔反尔，不是耍我吗？到底什么时候有空？"

女人不应该为男人的这句谎言所累，应该学聪明些，学会一些应对技巧。

第一、听懂男人的话外音，当他以"等有空"推托时，告诉他这件事很急等不得。

第二、如果事情不急就不要三番两次地催促男人，好像离开他活不成一样。每个人都是独立的，他是你老公不是你跟班，他有自己的自由和思想，需要自己的空间，你催他只有躲。

第三、保持适当距离，有助于婚姻和谐，太紧了会窒息。

第四、有自己的时间和朋友，不要把生活锁在你和老公之间。天大地大，每个人都可以活得很精彩。

第五、老公和你确实很忙，可以请钟点工、修理工为你们做家务事，虽然花了钱可是钱财有价感情无价，不必为了琐碎事破坏两人的感情。

27

都老夫老妻了

【潜台词】你对我而言已经不再新鲜，承认这个事实，做好保姆该做的事，别再渴求什么"恩爱""浪漫""爱情"了。

"老公，你爱我吗？"

"都老夫老妻了，还问这个问题干吗？"

"什么，我们结婚才八年。"

上面这段对话很多夫妻都经历过。女人不管到了什么年纪都心存浪漫，希望听听男人说："我爱你。"而男人认为一旦老婆娶到家，特别是生了孩子之后，爱情应该与这个女人无关紧要了。所以他说："八年还短啊？"可是女人不依不饶："你说，到底还爱不爱我？"

除了爱不爱的话题，男人以"老夫老妻"为借口的机会还有很多。好友艾丽斯的女儿三岁，老公是事业型男人，在外辛苦打拼，几年时间大大改善了家庭的经济条件，让她们母女可以充分享受物质财富。老公是个赚钱狂但不是财迷，把钱都交给艾丽斯保管任由她支配。这么好的老公，艾丽斯应该心满意足，可是有时候她总觉得有些缺憾，觉得婚前婚后的生活状态发生了很大的变化。

结婚前虽然清贫但两人可以在一起吃饭、逛街，恩恩爱爱，仿佛有说不完的话。现在呢？有了钱却缺少了很多乐趣。老公基本上不陪艾丽斯逛街，他说："工作够累了，还出去逛什么？你有钱想买什么自己买去吧！"他难得休息，在家也是赖在沙发上看电视、玩计算机、打游戏，沉浸在个人的快乐之中。

老公也很少跟艾丽斯聊天谈心。艾丽斯很想跟他说说话，聊聊家长里短，就是随便说话不关什么正事。可是老公好像很别扭，他说："有事说事，没事说什么！"

一次，女儿到外婆家没回来，艾丽斯准备了温馨晚餐准备和老公浪漫浪漫。可恨的是老公坐在桌边除了猛吃猛喝，转头看球赛，根本不多看艾丽斯一眼。艾丽斯很受伤忍不住说："当年要不是你，我也不会喜欢上看球赛。"言外之意，你当年那么热心地给我讲解足球知识，现在怎么弃之不顾了？老公随口说："你看什么球？看好孩子是本分。"

艾丽斯的热情一落千丈，只有默默地收拾碗筷上床睡觉。

其实，老公能回家陪自己吃饭，艾丽斯已经够满足了，多数时候老公都在外面吃饭，一周在家吃饭的次数只有一两餐。工作应酬艾丽斯能理解，可是她总想多跟老公说几句话，这难道有错吗？为了多跟老公聊天，她主动关心他的工作，但老公总是反感地表示："工作够烦了，难道还要把那些不快带回家吗？"

艾丽斯明显感觉老公的脾气不如从前了，两人的性生活也在逐渐减少，质量也在下降。她很怀念那些激情浪漫的岁月，两人在一起情意绵绵，说不尽的恩爱，道不完的缠绵，可是现在却无力挽回。老公每天很晚回家，回来时艾丽斯基本已经睡了。

现在的生活让艾丽斯很困惑，她不知道该怎么办？难道这就是传说中的老夫老妻，以后的日子就该如此敷衍下去吗？

【心理剖析】

婚姻中男人常常对女人说的一句话就是"都老夫老妻了"，用来应付女人的一些不满、一些要求、一些不快。给老婆的感觉是：我们之间关系稳固，你安心做好你的太太工作，不要想入非非，更不要无事生非。

可是多久的婚姻才算"老夫老妻"呢？老夫老妻了女人就该忍受一切，不再有所要求吗？

从这个角度分析，这句话不过是男人一个冠冕堂皇的理由，真实意思是说："你对我来说早就不新鲜了，认清自己的位置，别再装嫩扮酷，现实一点，我能给你现在的生活，已是我极大的奉献。再有什么要求就过分了啊！"

可见"老夫老妻"之说，一方面是男人在稳定女人减少麻烦，一方面是提醒女人尽量少打扰他，他需要自由。

【见招拆招】

"老夫老妻"这个借口并没有什么恶意，甚至还带着一点点善意，提醒女人满足当下的生活，不能有太多不切实际的想法。

可是女人很不喜欢这个借口。一是女人很害怕"老"，认为自己在男人眼里真的已经老了，没有魅力了；二是女人希望男人一直对自己说

"我爱你"，喜欢浪漫而多情的生活。男人不冷不热一句"都老夫老妻了"，会瞬间秒杀她们的激情，带来无法言喻的伤害。

所以，"老夫老妻"之说运用不当，很容易成为感情的隐形杀手，促使女人做出不该做的事，比如越轨寻找激情，证明自己没有老，等等。

正确看待这句谎言，女人应该认清男人的真实面目，他如果真的只是觉得你们关系十分牢固，希望你们过稳定日子，那也没什么，适应比改变更重要。另外，为了激发他的柔情，你可以设法创新一下现在的生活，比如制造一些小浪漫，弄一些出其不意的小活动，使他产生新鲜感，生活会更和谐。

28

不是老了是累了

【潜台词】这是对你说的，对别人可有的是激情和精力哦!

与艾丽斯一样，好多女人都有同感：夫妻生活的时间越长，老公在房事方面的表现越冷淡。与热恋和新婚时相比，仿佛骤然间老了，精力不济了。这不，网友苏苏就抱怨，老公好像背着她有什么心事，似乎喜欢上了公司的一位女同事。她观察到老公隔三差五就去那个女同事的网络空间看看，而且他自己的空间也加了密。以前苏苏可以随便浏览，现在进不去了，她第一感觉老公对她设了防。

苏苏很想问问老公是怎么回事，是喜欢上那个女人了，还是对自己有什么意见。可是她想到这样问不利于夫妻关系和谐，弄不好适得其反，刺激他的叛逆心，于是只好缄口。然而，这却是让苏苏寝食难安，她打从心里想知道老公为了什么原因去那个女同事的网络空间。

当然，苏苏的猜忌心也不是单单为了这一件事。最近，她与老公之间的交流越来越少，她心里有很多话想说却不敢说，因为担心老公反感。有一段时间，两个人几乎不说一句话。有什么问题了，可能电话里讲讲，见面却没说话了。每每想起那段经历，苏苏都有种害怕的感觉。

伴随着这些表现，苏苏和老公的性生活也大打折扣。老公常常很晚回来，即使在家里也喜欢睡沙发，还说："累了，一个人睡觉舒服。"苏苏却觉得他有意回避自己，不免心里恨恨的。有时候她会想该死的家伙，难道没有生理需要了？天天睡沙发也不知怎么解决这一问题？她心里又恨又怨，真有些怨妇的味道了。可是他老公像是忽然失去了某些功能，总是不解风情。

两人结婚12周年纪念日到了，苏苏想借机跟老公重温一下爱情之美，特意去美容院做了美容，穿上新衣服，想给老公"焕然一新"的刺激。老公还挺配合的，下班准时回到家，给苏苏带回来精美的礼物，见到一桌子饭菜高兴地直夸："不错不错，手艺进步多了。"

晚餐顺利进行，苏苏喝了一杯红酒，很快满脸红晕。她有些把持不住自己，不住往老公身边靠，已是情态荡漾，话语柔绵。老公呢？喝酒后也是性情大动，不像往常吃完了就去计算机前，而是搂着苏苏进了卧室。

可是，事情永远没有想象的美好，苏苏还没有怎么反应，老公已经完事了。她沮丧地躺在床上，说出了一句很久以来想说的话："唉，真是老了。"

老公却不以为然："哪里老了，是累了。"

之后，苏苏也暗暗调查过老公是不是跟那个女同事关系暧昧，结果显示他们之间一切正常。苏苏就纳闷了，老公又不寻花问柳的，为何这么不中用了？她认为老公年龄大了，应该多锻炼身体，注意保养，等等，为此给他买了不少保健品。老公一看当即说："拿走拿走，我不需要。""年纪到了就该保健。""到什么到？不是说了吗？是累了！"老公吼道。

现在，"累了"几乎成为老公拒绝苏苏的口头语，她很苦恼，怎样才能让老公对自己重新产生兴趣，恢复夫妻之间的和谐关系呢？

【心理剖析】

性永远是男人最喜欢又最怕的东西，世界上几乎没有哪个男人对自己的性能力满意，就像没有女人对自己的容貌完全满意一样。

不管男人的性能力如何，总以为自己天下无敌，哪怕阳痿了，偷偷吃壮阳药，也绝不承认自己不行。尤其在女人面前，他会想方设法找借口，"今天心情不好""太累了""天气不对"，等等。这些无关紧要的借口，掩饰了他慌乱的心情。

因为，要让男人承认自己"老了，不行了"，简直等于要了他的命。就像要一个女人承认自己"老了、丑了"一样，太难。

所以，他会说"不是老了，是累了"。"老了"预示着生命的衰微，生理能力的降低，性的自然减弱。而"累了"只是一时的疲乏，休息之后恢复了元气，照样可以神龙活虎。

【见招拆招】

男人最怕的就是女人埋怨自己性能力不行，这等于给他判了死刑。所以他每次做爱之后都喜欢问女人"怎么样？好不好？"聪明的女人要给男人自信，不要总是抱怨时间不够长次数不够多，可以说说感受，突出一下美好的地方。

作为老婆最好明白，在床上老公很在意你的感受，赞美他给他信心，几乎是他努力的全部动力。

婚后多年，随着两性关系熟悉激情消退，要一个男人始终如一地那么爱你对你是不可能的。女人要做的不是质问、埋怨、猜忌，而是与老公一起努力，从熟悉的风景中发现新的乐趣。

29

逢场作戏罢了

【潜台词】跟她逢场作戏，对你也是逢场作戏。人生如戏，只要你不追究，这场戏我会演得很成功哦！

真没想到当年难得的一对佳偶，人人羡慕的郎才女貌，也摆脱不了世俗的诱惑，玩起了出轨游戏。他们都是我多年的同学，从高中时起恋爱，上大学、毕业、工作、结婚，谁也没离开谁，最终走向了婚姻的红地毯。这是多么值得祝福的伴侣，我们女生都羡慕陈玉敏，说她运气好，一下就找到了自己的真命天子。

陈玉敏和老公李明伟婚后的感情也十分好。他们在一家公司上班，陈玉敏做会计，李明伟担任副总，由于工作原因，李明伟常常出差，陈玉敏就主动担负起了家里所有家务事。

不久前李明伟又一次出差去新加坡，因为业务关系，大学同学给他介绍了一位年轻女性朋友蓉蓉，她与李明伟算是同行也是同乡，希望以后能多多照顾。

蓉蓉和李明伟一见如故，聊得十分开心。回家后李明伟把这件事从头到尾说给了陈玉敏听。

可是不久陈玉敏发现李明伟出现了问题。首先，他有了神秘电话，手机铃声一响他就紧张，看看号码，有时候就会跑到阳台接。一次，陈玉敏在阳台上看到李明伟开着车进了车库，半天都不出来，下去一看，站在门口打电话呢！其次，李明伟的应酬明显多了，尤其是晚上比从前回来得晚多了。

陈玉敏察觉到了，但她不想急着追问。毕竟信任是夫妻间最宝贵的基础，她想为了这些事怀疑老公，是不是太多心了？

可是不问陈玉敏的心里又很难受。不久趁着李明伟出差的机会，她忍不住去电话公司调出了老公的手机通话清单，果真看到他和一个手机号码通话频繁，每天都有好几次，时间有长有短，长的时候一两个小时。这下，陈玉敏断定李明伟在外面有了状况。

等到李明伟回家，陈玉敏跟他摊牌说："如果你想要这个家，你就把事情如实告诉我，我原谅你。如果你不想跟我过了，那你不用说什么。"

李明伟突遭打击，毫无准备，沉默了一会儿后，终于说出了真相，原来他和蓉蓉早就有了肌肤之亲。说到这里，李明伟对陈玉敏强调："老婆，你要相信我，我对她毫无感情，只不过是逢场作戏罢了。"他一再表明自己爱的还是老婆，与蓉蓉不过是身体上的诱惑，并表示从此断绝与她来往。

陈玉敏虽然心痛，却又能如何，她决定给老公一次机会。

此后，李明伟的电话少了，貌似安分守己过日子。

一切看似往正常上发展，陈玉敏也逐渐淡忘那些不快。这天，李明伟中午喝了点酒不能开车，就把车交给陈玉敏驾驶。陈玉敏开着车往回走，路过城市中央大厦时，前面有个女人拦住了车，看样子她是专门在这里等的。她不是别人正是那个叫蓉蓉的女人。原来，李明伟与蓉蓉并没有断绝来往，背地里还是偷偷联系，今天就是说好一起吃饭的。

事情暴露了，李明伟对陈玉敏解释说，最近他在业务上与蓉蓉有联系，而且她也给了自己很多便利。总之一句话，李明伟对陈玉敏的承诺完全成了空话。逢场作戏也好，真心实意也罢，是他和蓉蓉之间的事，而陈玉敏变成了局外人。

陈玉敏又伤心又觉得恶心，她提出了离婚，可是李明伟坚决不同意，他要陈玉敏体谅他的不舍，体谅他的无奈。陈玉敏气得无语，她真没想到李明伟会这么无耻，摆明了要左拥右抱，还口口声声要别人体谅他，体谅他什么？家里家外四处演戏不感到累吗？

【心理剖析】

男人说"逢场作戏罢了"，不过是哄哄老婆而已。里里外外他在演一场好戏，目的就是一面纵情声色，一面笼络住老婆，既愉悦了身心，又没有破坏家庭和谐，两不耽误。

男人是很喜欢逢场作戏的，认为这是一种释放压力、舒缓情绪的好办法。只是这种场合多了，难免会犯错误，假戏真做，身不由己。

造成这种结局的内在动因是：很多结婚后的男人需要两个甚至更多女人，这样才有安全感。当男人长久地与一个女人相处时，他会缺乏自信，产生焦虑，不安烦躁，像是一头关进了笼子的野兽。他看透了婚姻和女人的本质，最想做的是继续寻觅新的女人，释放自己的性和激情。

但男人不会主动破坏原有的性关系，不会轻易选择哪个女人，因为这对他来说极其困难。她们都吸引他，让他害怕，和其中任何一个分开，都预示着回到了原来的样子，还是和一个女人过日子，他受不了。

【见招拆招】

女人要明白，出轨是男人婚姻生活中十分重要的一个内容。不是说每个男人都会搞婚外情，而是他天生渴望女人越多越好。

所以，当他说"逢场作戏罢了"，就该知道他背着你做了坏事，可能是欢场作乐，也可能是有了新的恋爱对象。

不管哪种情况，都说明他这句话是一句谎言，是骗你相信他不会离开你。

女人，更多害怕男人抛弃自己，而不是男人有了新欢。

喜新不厌旧，是现代男人典型的婚外情态度。以至于有些女人无奈地想：他们外搞他的，只要回家好好待我都一样。

这是一个错误的生活态度。纵容男人会助长他的邪气，不把你当回事。女人要自强，明白告诉他："我不能容忍你这样做。你这是在欺负我、骗我。"如果没有了感情，不必珍惜他；如果还想给他改错的机会，他必须做出抉择。

不要担心，以为逼迫他选择会伤害他，相反，他的懦弱需要助推，在两难之间的抉择，需要快刀斩乱麻。

30

下次让你做主

【潜台词】你还是听我的吧！不要自以为能当得了家做得了主。顾及你面子，为你预备着很多"下次"，至于哪个"下次"，看情况再定。

我们一致认为，谢文文是朋友圈里最幸福的女人，儿女双全，家财万贯，开着 BMW，住着别墅，老公经营有方，公司生意兴隆。在这样的环境中生活，再有什么不满意是不是太不识趣了？我们来看看谢文文的故事，也许能有新的发现。

谢文文比老公小七岁，两人相识时老公离异，带着一个女儿。谢文文还是个从没恋爱过的年轻女孩，漂亮有才学，追求者不乏其人，可是她却对这个"二手男"情有独钟。那时，双方的经济条件都很一般，都是一般上班族，没有多少收入。结婚后，他们一心想着改变现状，所以工作都很努力。谢文文是公司的法律办事员，经常出差到外地，还要接洽客户。她通过辛勤劳动，在工作方面得到了同事和客户的一致好评，职位不断提高，还去德国和日本深造，让朋友们羡慕了好一阵子。

就在事业蒸蒸日上的时候，谢文文的老公却让她辞职。因为老公独自做起生意，需要人手，强烈要求谢文文帮他。谢文文不想扔下工作，更不想让老公生气，最终不得不放弃了事业与老公一起打理生意。

从前两人聚少离多，在一起都是讨论感情、家务事，展望未来，现在天天泡在一起，为了金钱、事业而奔波，谢文文忽然发现事情没有想象的那么美好。

在老公的公司里，所有事情都是老公说了算，尤其是经济方面，谢文文没有参与的权利。从前，谢文文的薪水都是交给老公，家里的钱由他保管。谢文文每个月都有额外收入，不缺钱，想买什么随意，也就没放在心上。现在好了，谢文文给老公打工，没有其他收入了，她觉得很不自在。偶尔老公给她零用钱，总觉得他是施舍，而不是自己该得到的。

没有钱就没有话语权，谢文文真正体会到了这一点。从前在家里大小事由她出面时，老公也没说过什么。现在家里和公司的事老公一把抓，谢文文如果有不同意见，基本上是无效。老公总是按照他个人的想法去处理。有时候谢文文很想好言好语地劝劝老公，他倒好，心情好了一句"下次听你的"搪塞过去，如果心情不好，干脆对着谢文文又吼又叫。

谢文文觉得自己的处境太被动了，很想出去散散心，老公从不支持。他常常讽刺谢文文的朋友、同学："跟那些人来往，就是浪费时间和精力。"

谢文文很生气："你一点人情味也没有。"

老公振振有词："生意人说生意话，要什么人情味。"

一次，谢文文参加老同事女儿的婚礼，这位老同事与她老公也熟悉，谢文文很想两人一起去，可是老公却说："明天还有事，你自己去好了。"

各方面都要听老公的，谢文文能好受吗？她想还不如再走出去工作，免得两人天天在一起别扭。老公听了她的打算，摇头否决："你出去能做什么？在家照顾好儿女，这就是最大的贡献。"

照顾孩子和家庭，谢文文不是不想，可是她实在受不了老公的颐指气使，也不想把时间全部消耗在家里。于是她跟老公说："要不请个保姆吧！"

老公不同意："孩子多大了，还请保姆，不是花冤枉钱吗？你在家做做饭，他们上学，不用请保姆。"

谢文文当不了自己的家，十分憋屈，一次跟老公吵架："我嫁给你就是给你家当保姆吗？你太自私了！"

老公不甘示弱："那你工作这么多年都有什么？连间房子也买不起！现在还想去上班，不是没事找事吗？"

既然不能出去工作，在家里消遣消遣也好。谢文文考了驾照，家里有两辆车，她却一辆也摸不着。老公说了，开车危险。谢文文争辩说熟能生巧，如果不开永远也开不好。但是不管她怎么说，老公就是不让她做主。

现在的谢文文真是苦恼极了，她辛辛苦苦付出所有还不是为老公创造财富，名车别墅、光鲜的打扮、懂事可爱的儿女，为此她付出了青春和汗水，可是老公为什么就不能让自己当一次家做一次主呢？

【心理剖析】

霸道、自以为是、以自我为中心，依然是很多男人婚后的典型表现。受传统观念影响，中国男人更喜欢当家做主，他不是娶老婆，而是找了一个廉价保姆，加一个免费生子机器。大男人主义用来形容此类男性一点也不为过。

但男人很聪明，为了更好地控制老婆，让她心安理得的接受自己的地位，为了不激怒她，让她更好地为自己付出，也会弱弱地撒句谎："下次让你做主。"给女人希望，让她觉得自己真的不只是保姆，在这个家里也有当家做主的份。

至于"下次"是什么时候，就很难说得清了。

当女人认真地要求权力时，他也许会说："这次不行，还是下次吧！"

下次复下次，下次何其多。

故事中的男人，他不仅瞧不起女人，不尊重女人，甚至根本没把老婆放在与自己平等的地位上。有车不让她开，有钱不让她花，他连心疼老婆都做不到，更别提让老婆当家做主了。

【见招拆招】

遇到霸道男，有依附心理的女人，倒也无妨，慢慢习惯就好了。

可是有些女人不喜欢，或者男人做得太过分，女人就不会心甘情愿受压迫。可以和男人好好谈谈，谈谈自己的真实感受、想法，告诉他不想做他的附庸，希望找到独立的人格。

两性关系最好的状态不是一个人攀附在另一个人身上，而是互相支撑，并肩而立，可以枝叶交错，也有自由空间。这样，才可以良性发展，不至于枯萎窒息而死。

31

这个月的薪水全给你了

【潜台词】 该给你的都给了，不该给的你就别过问了。

说起赵菁菁和张浩南，可是朋友圈里有名的模范夫妻，两人感情一直很好，赵菁菁是公务员，张浩南是企业经理，不仅工作体面，而且收入高，早早买了好车新房，日子过得舒服又幸福。这还不算，张浩南的父母退休后，为了让儿子儿媳妇安心工作，还主动承担了照顾孙子的任务，帮赵菁菁买菜做饭，料理家务事，不让儿媳妇受半点委屈。

照理说这样的好日子实该知足，其实赵菁菁也是这么认为的。结婚六七年来，她和老公几乎没有吵过架，偶尔有些小争执，也总是老公率先示好，对赵菁菁又是哄又是劝的，直到她高兴了才放心。老公细致入微的体贴，赵菁菁是舒心的、幸福的，她觉得这种快乐的生活会一直持续下去。

但是，最近一段时间，赵菁菁没有了从前的自信和安全感，她忽然间对老公变得疑神疑鬼。张浩南性格豪爽，喜欢结交朋友，加上身为高级管理人员，有身份有地位，常常外出应酬就是家常便饭。关于这一点，赵菁菁早就清楚，而且已经习惯了。

有时候大家相聚，有人跟她开玩笑："小心哦，你老公这么优秀，会被人拐跑的。"她总是笑笑："跑呗，跑得了和尚跑不了庙。"她相信老公，可以说如同相信自己。老公也确实值得信任，不管在外面怎么应酬，从没有做过出格的事，对待老婆和家庭，没有一丝一毫的懈怠。

那么赵菁菁的疑心从何而来呢？原来，婚后家里的钱财一直由赵菁菁掌管，家里有什么开支，也都经过赵菁菁同意。对赵菁菁来说，这已经成了惯例。可是不久前，赵菁菁参加朋友的聚会时，偶然听说了一件事：老公背着她借给同学五十万。

回到家后，赵菁菁左思右想都不明白：老公从哪里弄了五十万？为什么不跟我商量？他这么做是什么意思？赵菁菁没有直接质问老公，担心这么做会伤害彼此的感情，但是不问心里又别扭。一天晚上，临睡前她还是忍不住提起了这件事。老公先是愣了愣，接着主动向她解释："那同学是同乡，从小一块长大的，感情深厚，他离婚后一无所有，想借点钱做生意。说好了下月会还的。"

赵菁菁并不在乎这些钱，她困惑的是，老公是否背着她设了小金库。从结婚到现在，老公每个月的薪水都"上交"了，怎么突然冒出了五十万？

之后，老公很快告诉赵菁菁，同学还了钱，并把钱交给赵菁菁。这更让赵菁菁疑惑，这些落在自己手里的钱究竟来自何方？

有了怀疑就有了矛盾，矛盾发展的必然结果是一场争吵。赵菁菁和老公前所未有地大吵一架，并说出了心里的不满。老公仿佛早有准备，他说五十万是公司发的奖金，还没来得及"上交"，就让同学借去了，现在还回来理所当然。

尽管老公的解释天衣无缝，赵菁菁也不能去公司打探老公说的是否属实，但这件事给她造成的阴影还是很重。她觉得既然是夫妻，就该坦诚相对，有困难一起分担，有问题了共同面对，没有什么需要隐瞒的。

老公认为赵菁菁小题大做、借题发挥，他又没做什么对不起她的事，即便是"谎言"，也是善意而非恶意。对老公的辩解，赵菁菁一时半刻不能全部接受，她认为谎言就是谎言，如果说多了，婚姻必将受损。

【心理剖析】

男人为自己的谎言找借口，说这是善意的，没有故意骗你。可是剥去"善意"的外衣，赤裸裸躺在眼前的只有"谎言"二字。谎言的本质就是欺骗，没有说实话。即便这种谎言无伤大雅，也会伤害对方的感情。

但是生活十分复杂，不说谎的婚姻几乎不存在。为了打消对方疑虑，男人女人都会说谎，心理专家的研究显示，男人一生说谎超过九万次，女人达到五万次。如此高频率的说谎，很多时候不是为了别的，只是为了维护婚姻关系，减少风险。

从这点看，说谎也算是婚姻的策略之一，善意的、目的单纯的谎言，说说无妨，不必当真。

男人说"这个月薪水都给你了"，想向老婆表达一下尊重和信任。但他会不会真的都给老婆呢？他有个人的小隐私，留一点钱备用，没什么大惊小怪。但他不敢跟老婆说，一是觉得没有必要，二是图方便，担心老婆问东问西，麻烦。

【见招拆招】

善意的谎言看似无所谓，但是说的多了，也会伤及对方感情。就像故事中的赵菁菁，她完全不会在意钱的问题，但她不能忍受老公瞒着自己。很简单，不管是什么谎言，或多或少都会影响彼此的信任度。

正确对待谎言，女人除了善于察言观色外，还要摆正心态。

第一、如果是为了怕自己担心或者面子问题的小谎言，无关痛痒，就不必放在心上。睁一只眼闭一只眼，是婚姻和谐的最关键因素。

第二、家庭的财产最好公开透明。亲兄弟明算账，夫妻也不能糊里糊涂，尤其是涉及数额较大的收支时，一定要双方商量，达成共识。

第三、谎言必须适可而止，哪怕它的目的再伟大、再高尚。你可以与老公开诚布公地谈谈，尽量让彼此少说谎，少伤害婚姻。

32

你还想不想好好过日子啊

【潜台词】别逼我，逼急了这日子就过不下去了！

今天又从网友那里听说了一个悲情故事。小文和老公结婚不到四年，还没有孩子。老公从 2006 年开始炒股，2007 年行情好，大赚一笔，股票市值超过了一千万。从此，他辞去工作，当起了全职股民。在当时那种情形下，炒股是十分有前途的事业，小文也就没有过多考虑老公的工作问题，只想着能赚钱就好。

股市风险大，他们 2008 年结婚，当年金融危机后，股票市值大大缩水，一千万眨眼间蒸发，只剩下一百多万。这时候小文坐不住了，她开始劝老公："找份工作做吧！股票可以照常炒，也要有日常收入啊！"老公不同意，小文就一个劲地劝。结果话不投机半句多，老公摔摔打打，不再理睬小文。

慢慢地，小文发现劝老公出去工作是很难的，他不喜欢自己学的专业，更不喜欢那类工作。用他的话说："他对金融感兴趣，是金融方面的行家。"他自视甚高，股神巴菲特就是他的偶像。他常常说："在家炒股，眨眼间就会身价翻番，那才过瘾。"

看来他是上了股瘾，每天除了开市看股票，收市听股评，其余时间什么也不做。玩玩牌、打打游戏，然后就是睡觉。这位超级股民一定要看着电视到凌晨两三点钟才能入睡，自然睡不够的觉要白天补。他的作息规律给小文的生活带来很多不便，看着别人每天忙忙碌碌工作赚钱，自家男人的状态实在令人气愤。小文的不满情绪一天天高涨，她说话不再温柔，常常指责他不求上进。

这天，小文参加同学聚会，看到大家要么事业有成，要么工作出色，回家后跑到阳台上自己生闷气。后来老公过来了，两人说着说着闹了起来，小文气急了，又哭又叫。老公推着她吼道："你还想不想好好过日子？在这丢人现眼！"他认为小文的哭闹影响到了邻居，所以把她拖回卧室，还踢了两脚。

小文一气之下离家出走，老公既不来电话也不发短信。两人僵持几天，小文最后还是回去了，老公也跟她道了歉。

可是，什么事就怕有了开头。老公打老婆这事更是如此，自从上次踢了小文两脚，接下来夫妻两人之间动手的频率逐渐提高。而且，每次老公都说小文不想好好过了。其中一次，小文逛街回家晚了，老公在家饿肚子。小文说："你难道不会自己做饭吗？"老公很不高兴，拿起小文买的东西扔出门外。小文很生气，捡起被扔的东西转身就走。老公上去拦住她，低声说："你想干什么？是不是不想过了？"说完，强硬地把小文拖进屋去，对她的背部打了几拳。

这次挨打让小文彻底伤了心，她开始有意无意结交异性朋友，有时候也一起出去玩。老公很快察觉到了这些变化，他开始检查小文的手机、网络上聊天记录，一旦发现男性的信息就会暴跳如雷。小文不屑跟他解释，他的疑心也越来越重。结果，两人的关系继续恶化。现在的小文真的痛苦难过，不知是继续跟他过下去还是分手。过下去的话老公还有改好的可能吗？明明是他不好好过日子，为什么还总是这么数落自己？分手的话老公会同意吗？不同意又该怎么办？

【心理剖析】

"你还想不想好好过日子"，是男人的一句带有威胁性的谎言，警告女人适可而止，不能恣意妄为。表面看来，他没有错是女人找碴闹事，不想好好过了。女人为什么找碴，为什么不好好过他不去说，只是强调女人做错了，女人在无事生非。

也许，女人做的真有些过分，有些过于激动，可是根源在哪里？恐怕与男人大有关系。

就像故事中的男女，男的痴迷股票无所事事，还对老婆缺乏信任，有家暴行为，你说这样一个男人，女人会好好跟他过吗？

男人并非不知道女人为什么会这样，只是他不愿意明说。举凡男人都是爱面子的，承认过错难如登天，他宁可指责女人"不想好好过了"，也不会说"都是我不好，你要多包涵"。

指责的谎言，透露出男人的许多无奈。他也不想说谎，可是不说，又担心女人闹下去会出大事。只好来个杀手锏，逼迫女人要么住手，要么真的放弃现有的一切——婚姻、爱情和孩子。

【见招拆招】

面对家暴行为，女人必须坚决而彻底地说"不"。没有商量的余地，也不用劝自己如何体谅男人的难处，怎么帮助男人走出暴力心理。

心理学研究发现，暴力是一种习惯，是一种反复性行为。有了第一次，就很难制止下一次。

男人的暴力有内因也有外因，内因包括遗传因素、环境因素等；外因也叫诱因，比如，工作不顺利、做生意赔了钱、酒喝多了。任何一种诱因都有可能引发家暴。故事中的女人抱怨老公不赚钱，埋怨他只知道炒股，都是诱发他家暴的因素。

既然家暴开了头，女人如果真的无所谓，将就着过下去吧！如果不能忍受，走得越快越妙。

33

为了事业没办法

【潜台词】我想喘口气，没别的意思。

每当老公一身酒气走进家门时，玉华都忍不住心底打颤，她害怕她的噩梦就要开始了。眼前的这个男人，早已不是六年前与自己谈情说爱、温柔相对的人，他似乎变成了她生命中的魔鬼，带来的除了恐惧，还是恐惧。

玉华家和我家住在同一栋楼房，她住四楼，我家住三楼。当初他们结婚时，我还去喝了喜酒。一对年轻恩爱的情侣，在欢闹声中接受客人们的祝福，是那么幸福，那么甜蜜。听说他们是大学同学，恋爱好几年走在一起，当然心满意足。

婚后，小两口各自忙着工作，每天早出晚归倒也和谐。不到一年，儿子出生，小家庭充满了欢声笑语。日子本该越来越美好，可是就在这时，他们家吵架的频率不断上升。

玉华的老公从一般的业务员做起，由于工作出色而且为人豁达，很快得到上司提拔，年纪轻轻做了业务部经理。工作忙了，每天在家的时间少了，而且常常喝得酩酊大醉回到家。

玉华一个人带着孩子，辛苦不说还要照顾酒醉的老公，当然很烦，于是不断地埋怨劝说老公："少喝酒，喝多伤身。"

老公听了，根本不以为然："一个男人，不喝酒怎么做业务，哪有事业前途？"

玉华说："那也不能天天喝成这样！你这样我和孩子怎么办？"

老公瞪眼吼道："我这么拼命，不就是为了你和孩子，为了有个更好的未来吗？"

这话玉华会感动吗？玉华也想理解老公，可是满地狼藉，一屋子酒臭味，还有老公的凶恶嘴脸，让她觉得自己很受伤。

老公喝酒越来越上瘾，脾气也随之暴躁。终于有一天，他酒醉后动手打了玉华，尽管事后他表示了道歉，却难以抚平玉华受伤的心。玉华一面抚摸着身上的伤痕，一面努力保护着儿子，宽慰着自己。她心里唯一的希望寄托在儿子那里，她知道老公也是爱儿子的，为了儿子他一定会好起来。

事实证明，玉华很天真。接下来，老公喝酒后动手的次数更多了，动作也更凶狠了。看着这个口口声声为了自己和孩子的"好老公"，玉华没有了疼痛和痛苦，她不反抗，只是觉得可笑。

有一次，玉华还是忍不住反抗了，因为儿子看着爸爸打妈妈，吓得哇哇大哭。玉华求老公住手，老公却打得起劲，玉华就与他拼命。结果，她哪里是老公的对手，被打晕在地。

后来，还是邻居们救出了晕倒的玉华，把她送进了医院。娘家人听说玉华的状况后，上门找她老公算账。此时的他，酒醒后又是一副"好人"样子，不住地道歉，恨不得让玉华打自己一顿。我们一群邻居不忍心小两口继续闹下去也劝他："戒了吧！喝那么多酒有什么好处？"他勉强同意，但是明眼人一看就明白，那不过是应付而已。果然，事后听他跟一些邻居交流时还会说："谁想喝那么多酒啊！对不对？可是为了事业，没办法啊！"

这种理由真的很正确吗？想想我自己的生活中，依稀觉得老公也多次说过类似的话，比如晚上不回家、不做家务事、不肯带孩子、经常在外出差，等等，就常常搬出这句话：因为事业没办法呀。只不过，他只是这么说说，从来没有什么过于激动的言行。

男人的事业到底有多么重要？又有多么难做？难道一定要牺牲家庭才能有事业吗？真不知道玉华的日子将会如何下去。

【心理剖析】

"为了工作和事业"是男人司空见惯的借口之一。他可能真的很忙，真的无法按时回家，真的必须做一些不想做的事，但不可否认，他并非一定要这么忙，如果可能他完全可以比现在更从容地照顾婚姻和家庭。只是，他从心里没想那么做，他也不知道为什么，可是就是不想那么快回家。也许是因为他太了解老婆，知道回去后老婆用什么口气跟他说话，用什么眼神看他，他不愿意面对，只想喘口气。

除了这个原因，男人说"为了事业"，还有内在的心理因素。

第一、传统观念中，忙于事业的男人才是成功者，是优秀的男人。所以，男人最怕无所事事，哪怕工作不忙，他也要故意装出一副离开他不行的样子。

第二、一些男人自卑心很重，为了吸引女人足够重视自己，故意说"为了事业"的话，让她珍惜自己，提高婚姻含金量。

第三、出于对婚姻的不满，男人以"为了事业"为借口不回家，就是为了躲避婚姻，喘口气而已。

很多时候，男人这么说的原因，可能不止一个，也可能是上述几条的综合。

【见招拆招】

"为了事业"的借口禁不起时间考验。如果男人总是对老婆说"为了事业没办法"之类的话，会增加老婆的不安全感。长久下去，老婆的担心就会变成反感甚至厌恶。就像故事中的男女，以"为了事业"为借口酗酒成瘾，还有家暴行为，哪个女人能受得了呢？

女人比男人更渴望婚姻的安全和持久，时间久了，再笨的女人也会明白，"为了事业"不过是一句好听的谎言，是男人在哄骗自己。

对待男人的这句谎言，女人应该视情况而定。如果他真的事业很重要，只是为了躲避家务事，不想被生活琐事纠缠，那么就任他去吧！毕竟，忙于事业的男人确实很累，给他喘口气的机会是老婆该做的。

如果他是为了表现自己，想在老婆面前树立高大形象，最好也不要戳破这层窗户纸。给他面子就是给他尊严，给婚姻和谐。

如果他把"为了事业"挂在嘴边，却做一些伤害婚姻的事，女人就该坚强起来。比如故事中的玉华，没必要再做他的受气包，受他凌虐了，离开他重新开始新生活就是最好的选择。

34

你没有错，是我错了

【潜台词】总而言之，只要能够平静分手，你怎么样看我都没关系。

我们办公室有几个女同事是相亲节目的忠实粉丝，她们经常讨论哪个女嘉宾怎么怎么漂亮，哪个男嘉宾怎么怎么优秀，谁跟谁应该在一起，谁跟谁不搭，等等。这几天，她们一致为一位叫秦伟立的男孩子叫好。秦伟立25岁，是博士生，喜欢读书，很有学问，是个学术型人才。但是他并非书呆子，不仅长得一表人才，而且口才不错，反应机敏，言语幽默，很讨女孩子喜欢。

这样的男嘉宾当然备受瞩目，对他感兴趣的女嘉宾非常多。其中有一个叫孟思静的女嘉宾，年方23岁，大学毕业，在一家外企工作。她性格开朗，外貌俊秀，举止大方，是诸多男嘉宾看好的人选。但她好像没有多大兴趣，前前后后拒绝了很多人。这时，人们把眼光聚焦到她和秦伟立的身上。果然，几期节目下来，两人越来越合拍，聊得也很投机。

就在所有人以为秦伟立和孟思静会牵手时，出人意料的事情发生了：

当孟思静手捧玫瑰等待他过来时，秦伟立站在原地不动。在观众和主持人一再催促下，他开口说话了："对不起，我现在还不能过去。"

"为什么？"主持人吃惊地问。

秦伟立迟疑着说："我还没有做好心理准备，我是个不知道如何与女孩相处的人。"

最后，孟思静眼含泪水站在他面前问了一句："是不是我有什么地方你不满意？"

"不，不，……"秦伟立慌忙否定，"你很好，是我错了。"

男女嘉宾的追爱游戏落下了帷幕，观众的心情却久久不能平静。这不，办公室的几个女孩子天天议论，有的说："秦伟立真不错，很有风度，拒绝别人都那么含蓄。"有的说："什么呀，他一开始就不该让孟思静心存幻想。"

究竟谁是谁非？生活中见多了分手的情侣，有的是恋爱中分手，也有的是结婚后分手。很多时候，女人都不甘心，会追问男人"我哪里错了？"她想知道为什么结局是这样，自己为何遭到拒绝。

快要出国的侄女就遇到了这样的难题，她与男友恋爱快三年了。最近男友好像失踪了一般，很长时间没有任何联系。侄女给他发短信、网络上留言，最后男友回了三个字：对不起。侄女很生气，可是仔细想想，自己要出国一两年，是不是他不想等了？于是就把这个意思传达过去。男友的回答还是很简单：你没有错，是我错了。

"是他错了"，这是什么意思？侄女摸不着头绪，又见不到男友当面详谈，只有干着急。一气之下就给他留言：我们都是成年人，你说句痛快话，是想继续还是分手？男友回答：对不起，都是我的错。

佟女感觉男友是想分手，可是她放不下这段感情，很想去找男友，却又担心一直以来都是男友追求她，忽然倒过来去找他，是不是太没面子？再说了，找到男友说什么？她想挽回这段感情还有希望吗？

【心理剖析】

男人通常不会认错，当他主动认错的时候，通常是他已经铁了心不愿与你继续下去。

男人很虚荣，"认错"代表着示弱，如果还想与你保持关系，他不会轻易这么做。因此即便错了，他也要寻找各种理由为自己解脱，强化自己的形象。

男人在关键时刻向女友承认自己"错了"，以此为借口提出分手，明显是给女友一个台阶，也是给自己一个心理安慰——"我错了，我不好，不值得你喜欢，你就放过我吧！"

这不是真的说他有多么差劲，而是告诉你，他对你不怎么满意。俗话说，萝卜青菜各有所爱，或者他有了更好的人选，只是把你当做了"备胎"，最后看你还是不懂事，直接连备胎也去掉了。

说这话的男人，说不上多么聪明，但一点也不笨。如果直接说："我对你不满意，我们分手吧！"女人会受不了，会追着他问："我哪里不好，我哪里错了，我怎么做你才满意？"这是男人最怕的事情。

所以，还是先认错，趁女人还没明白怎么回事立刻退出。

【见招拆招】

当男人以各种理由提出分手时，女人总是不甘心，为什么会这样？不管她对这个男人的爱有多深，她都不会轻易放弃这段感情。很简单，女人认为男人就该死乞白赖地求自己，不该无缘无故地退出。

这是女人爱情失败的内因。女人往往自视甚高，进而产生了自负心理。实际上，哪怕你貌若天仙，也不是所有男人都会选择你。况且，恋爱需要耐心和技巧，不是你想开始就开始，想结束就结束的。

男人说"错了"，可是你还想与他好下去，这时争辩没有用。如果你真的放不下他，就低姿态吧！耐心地反思一下，这段情自己到底付出了什么，得到了什么，如果他真的不想继续了，也不用卑微，可以以朋友的身份重新与他开始。

第四章

虚情假意——为了分手不得不说的应付谎言

35

我喜欢自由

【潜台词】和你在一起，我很不舒服，那种感觉非常别扭。没有你，我就呼吸顺畅，心情大好，我喜欢没有你的自由。

认识百合的时候，她才 25 岁，是个要强能干的女孩子，一心想在台北站稳脚跟。转眼间六年过去了，她在外资银行有了稳定的工作，收入很高，事业有成。可是生活却还没有着落，至今单身。

去年的一次企业业务宴会上，在我介绍下，百合认识了阿豪，一个大企业的销售经理，35 岁，是"钻石王老五"。在外人看来，他们两人十分般配，年龄相仿、中层领导职位、收入丰厚、相貌都不错、性格也是温和有礼，可算是天作之合。一开始，两人对彼此的印象都很满意，阿豪主动地约见百合，百合每次都是欣然前往。

几次见面之后，百合心里有些不舒服，因为阿豪见到她之后，表现过于冷漠，缺少热情。百合忍不住问原因，阿豪说喜欢日久生情的感觉。也是，三十几岁的人了，哪能太急躁？稳重才是最适当的表现。

阿豪做销售工作，常常在各地飞来飞去，时间很不固定，与百合见面的次数其实并不多，每周最多一次，有时候两三周都见不到。期间，阿豪很少给百合打电话、发短信，反倒是百合一有时间了就给他留言，可是阿豪的回复很慢，甚至没有任何反应。很多时候，百合的电话打过去却无人接听。阿豪总是说太忙了，百合也知道一个人在外打拼的滋味，因此表示理解，并努力支持他。

　　就这样，他们的感情平稳地度过了三个月。互动来往，几乎确定了恋爱关系，只是没有亲密接触。有一次他们出去吃饭，百合喝了酒之后，情不自禁与阿豪抱在一起。这是他们第一次拥抱，阿豪抱得很紧很紧，百合都要喘不过气来了。这让她感觉到了爱和安全，她觉得阿豪是喜欢自己的。但是，他们的关系仅限于拥抱亲吻，再也没有深入发展。

　　圣诞节到了，阿豪邀请百合去和朋友们玩，百合没去。百合邀请阿豪去家里做客，他答应了，却没成行。百合心里纠结：这个男人到底什么意思？

　　直到有一天，阿豪对百合说出了心里话，他生活在单亲家庭，跟着母亲一起生活。后来母亲再婚，前几年继父患了重病，生活不能自理。阿豪说："我的条件很不好，不知道能不能给你幸福。我以前有过女友，她就是因为这个原因与我分手的。"

　　原来如此，百合长呼一口气，她想这没什么，自己能接受。从此，她更加心疼阿豪，照顾他、爱护他、理解他。

　　不久，阿豪工作变动更加忙碌，两人见面的机会也更少了。百合摆出一副未来媳妇的姿态关心阿豪，还关心他的母亲和家庭。不过她的努力始终换不来阿豪的热情高涨，虽说平平淡淡才是真，可是这样的恋爱哪个女人喜欢？百合忍不住与阿豪争吵，吵过几次之后，阿豪居然提出分手，他说："你是个好女孩，规矩懂事，可是我喜欢自由……"

　　百合很想把自己嫁出去，好不容易遇到一个心仪的对象，却这样不了了之，很不甘心。她觉得阿豪也是个重感情的人，为什么就不能接受自己？还有他喜欢自由，自己也没限制他什么啊？

【心理剖析】

自由，几乎是所有人的追求。但是在爱情面前，男人的自由就变了样，他们会忙里偷闲去约会，而不是与死党一起吃喝玩乐；他们恨不能天天搂着女友亲吻，而不要一时一刻的分离；他们宁愿陪着女友逛街，哪怕又累又烦，也不敢有一丝不快的表示。

这才是男人陷入热恋的表现。

如果，他为了自由不肯与女友交往，为了家庭疏远女友，为了……理由再多再充足，只能说明一个问题：他对你还算不上"爱"。

这个世界上有一件事必须相信，一个疯狂爱着女人的男人，不会"高尚"到对她的身体没兴趣，除非他有生理问题。更不会几周不去见她，与她无话可谈。

35岁的单身男贵族，事业有成，人才出众，正常情况应该是身边女人无数。可是故事中的男人，不仅对女友不冷不热，好像女人缘也不怎么样，而且对婚姻的兴趣不浓，推算下去，一定还有其他问题。

【见招拆招】

想嫁的女人遭到拒绝，心情一定很糟。

看看那个男人的借口"喜欢自由"，更让女人气愤，难道我真的限制了他很多?

"自由"只是不爱的借口,与女人的做法没有直接关系。

在这场貌似恋爱的游戏中,女人真的爱了,而男人没有。她不明白他的决绝,因为太喜欢他,希望与他有未来。他懂得她的爱,但他不爱,不想有未来,只好委婉地拒绝。

女人,不要沉湎在一个人的爱情中,不要以为爱他就是爱情的全部。爱情是互动的,不要一个劲地强迫自己相信,他多么爱你,他有多少迫不得已,他应该与你有未来。

记住,自我麻痹只能害了自己。倒不如趁早结束,然后重新开始。

36

我们不合适

【潜台词】 我不喜欢你，你的性格让我无法接受。

- -

百合跟我说，她认识我之前，也就是二十二三岁的时候，谈过一次恋爱。

那个时候，百合刚刚大学毕业，在一家企业实习期间认识了一名警察。两人年龄相仿，也很谈得来，百合喜欢他穿一身警服的样子，帅气，给人安全感。只是身为警察，男友的时间很受限制。这一点与阿豪倒是相似。说起来，警察男友与百合来自同一个地方，两家还有点亲戚关系，所以恋爱的事情很快告诉了双方家长。家长们认为彼此门当户对，都表示了同意。

只不过，恋情没有人们想象的浪漫，刚开始还好，约会谈心，情意绵绵。后来，男友常常加班，每周只能和百合约会一次。百合的女友说，这哪是恋爱，既然他忙，你就多用心，主动联系联系他。百合想了想，觉得有道理，警察工作很辛苦，关心关心他理所当然，就试着和他联系。男友没有推托的意思，每次电话都聊得不错，有情有义，只是说没有时间见面。

此后，两人再约会，百合总感觉男友不够体贴，好像两人之间缺了点什么。这时，百合实习期满，需要签订工作契约，她问男友自己是继续在这个城市工作，还是与另外企业签工作契约？照理说，男友一定希望百合留下来，可是他只是说："工作不能草率，要慎重考虑。"

这是什么意思？百合弄不清男友对自己的态度和想法，反正也年轻，她想还不如分手算了。这天两人难得出去吃饭，边吃边聊，百合感觉男友的态度不冷不热，一气之下说出了自己的想法。男友听了，先是表示吃惊，然后坚决否认，并说："我们再给彼此一些时间，好不好？在一起需要磨合。"

说实话，百合也舍不得就这么与男友分了。接下来到了情人节，她想，看你怎么表现了，如果还是这样，自己还是要说分手。

结果，情人节那天男友仿佛人间蒸发，信息全无。百合给他打了几通电话，男友都不接听。后来，他解释说出了趟差，任务机密，所以不能随便接听电话。百合半信半疑，本来她认为与他在一起会很放心，可是现在一点安全感都没有，真是害死人啦！她也不客气，反问男友："你不用解释，我想知道你这么做，是不是想和我分手？"

男友摇头："不是。"百合正在气头上，回了一句："你天天和人打交道，我什么心思你不懂啊？我的感情很不值钱吗？"

最后，两人闹得不欢而散。百合再次提出分手，男友没有立即答复，但说回去会好好考虑。

百合回去后，觉得自己反反复复提分手是有点耍性子，想想男友也没做错什么，就这么与他错过了挺可惜的。于是第二天一大早，她联系到男友，向他表示了歉意。可是男友变了，很坚决地说还是分手好。他说：

"我考虑一夜，觉得我们还是不合适。"

一夜的时间考虑清楚了大半年的恋爱难题，百合觉得不可思议，自己千回百转地想着要不要和他分手，他这么容易就下了决心。这么长时间以来，他到底有没有爱过自己？难道都是在敷衍吗？

回想来时路，两人也曾有过快乐和温馨，有过对未来的憧憬，记得男友还说喜欢百合勤奋向上的精神，这与他很像，百合也说喜欢男友威武豪爽的个性。曾经的美好，现在一句"不合适"就画上句号吗？

【心理剖析】

让女人奇怪的是，一个男人在感情方面为什么总是拿得起放不下，显得唯唯诺诺，不知所措。

其实，这没什么大惊小怪的。男人面对"分手"二字，他比女人更在乎，更纠结。因为女人一向是弱小的群体，受保护的对象，男人主动提分手，会不会伤害到女人，成为他最大的心结。

女人想不开，也许会哭闹甚至寻死觅活，那时岂不让男人冠上了"陈世美"的恶名，成为不负责任的典型？这是男人最不愿看到的。

为了避免这种状况发生，男人选择了冷处理，希望感情慢慢淡下来，最好是女人主动提分手，这样就没有了太多的心理负担。因此，男人玩消失，不让女人联系到自己，其目的都是为了"和平分手"。

所以，一句"不合适"，就是男人比较明朗的分手宣言，前期做了那么多铺垫，还不敢直接说"分手"，不可不谓用心良苦。至于到底哪里"不合适"，很简单，只是他没有那么喜欢你而已。

【见招拆招】

女人应该清楚，一个男人不再主动联系你，不肯与你热络的时候，你们之间的感情警报就拉响了。

故事中的男人也许从一开始就没有多么在乎百合，没有看好彼此的关系，所以从来不提未来。这样的男人，这样的爱情，该放手时就放手吧！

需要提醒百合的是，在这段感情中，她没有扮演好女友的角色，动不动提分手，给男人的暗示是你不想与他有未来，何况他本来也不怎么看好你。结局只能是一拍两散，各走各路。女人应向男人学习，不要把"分手"挂在嘴边。因为你第一次说的时候，他可能很当真，害怕失去你。可是说多了，他就会做好分手的准备，认为你们之间真的完了。

37

我觉得事业比较重要

【潜台词】和你在一起，纯粹是浪费时间，还不如做点别的事情。

这段时间我看了后宫剧《甄嬛传》，狡诈多疑的雍正皇帝身边女人无数，却对任何人都没有真爱，偏偏忘不掉死了的菀菀。为了菀菀他会辍朝痛哭，根本不顾及自己的皇帝身份。可是在其他女人比如华贵妃、甄嬛面前，他强调的总是自己的江山基业。

都说男人爱江山更爱美人。这话真真假假，道不尽男人的诡秘心思。但有一点明白无误，如果一个男人总拿事业当借口应付女人，他的爱已经大打折扣。

邬小娟与男友相恋11年，这样的爱情长跑实属罕见。她考上大学的第一年就认识了男友，两人很快相爱热恋，整整四年大学时光，他们都是相伴度过的，说不尽的恩爱和甜蜜。毕业时，小娟选择了就业，男友继续读研究所。两人的想法很好，一个人先工作赚钱，支持另一个人读书深造。

工作后，小娟的身边不乏追求者，但她断然拒绝，要等男友毕业。

当初，两人海誓山盟，男友硕士毕业就结婚。两家人知道他们的情况后，十分赞成，张罗着为他们定了亲，从此时常来往。

男友在外地读研究所，小娟作为未来儿媳妇常去探望公婆。与小娟家相比，男友的家庭条件比较差，父亲又有病，所以小娟还会给他们买吃的、用的。未来的公婆很喜欢小娟，觉得儿子有福，找了一个懂事孝顺的媳妇。

三年过去了，小娟眼巴巴等着男友张罗婚事，可是等来的却是："我又考上博士了，你要支援我，博士毕业再结婚吧！"

小娟只好再等。这期间她流产多次，不仅身体虚弱，还有妇科病。男友的博士快要毕业了，小娟认为苦日子终于到头了，催着男友领结婚证书办婚事。可是男友却一拖再拖，今天说"没时间"，明天说"再等等"。这时，小娟发现自己又怀孕了，这次她不想流产了，对男友说："我身体不好，再不生这个孩子，以后恐怕都不能要了。"男友不同意，说："你要了孩子，以后怎么办？我辛苦这些年还不是为了做一番事业，有了孩子会坏事的！"

小娟没有听他的，坚持生下女儿，并带着女儿在婆婆家生活。

女儿一天天长大，小娟的心事却始终无法化解。男友还是不同意结婚，他的意思是事业重要，婚事靠边。

小娟不明白，结婚怎么会影响事业？难道做大事业的人都不结婚？如果说男友变了心，为什么不明说？这样拖着有什么意义？她多次跟父母和公婆说起这事，希望早点结婚，但是不管他们怎么说，怎么催，男友就是不肯和小娟办领结婚证书。

办领个结婚证书就这么难？现在的小娟已经不求什么婚礼形式，只希望男友能与自己领一张结婚证书，毕业后找一份安稳工作。如果在外地工作，就把她母女接过去一同生活。

【心理剖析】

什么叫滑稽之谈？男人说为了事业不想恋爱结婚，就是最典型的滑稽之谈！他言之凿凿，实则是告诉你，他不想与你恋爱结婚。不信的话，看看世界上有几个为了事业终身不娶的男人。

男人"为了事业"可以做出很多牺牲，但是不代表他就不能结婚。相反，稳定的婚姻有助于事业成功，这一点他比谁都清楚。所以，以"事业"为借口的说辞，幼稚而浅显，蒙蔽的是那些爱他、希望他成功的女人。

【见招拆招】

情愿等待男人成功后再嫁的女人，在历史上曾经备受推崇。她们的执著、从一而终，可以为自己赢得一座座贞节牌坊。

可是，现在不是一百年前了，女人如果还像裹脚老太太那样想那样做，艰辛付出、苦苦守候，为了讨好男人多次堕胎、支持他读书、巴结他父母……真的不可思议。

摆明了这是一只中山狼，不想把美好前程与你联系在一起，为什么还不清醒？还不痛下决心？

你最想要的，是他最不想给的。这是不可调和的矛盾，不要再心存幻想了，孩子都生了，他还没有娶你的打算，说明他真的不想给你名分。

如果坚强些，最好立刻离开他，同时把孩子留给他，然后重新开始新生活。你有的是机会寻找到新的爱情、想要的婚姻。

如果没有足够的勇气，那么就铁了心做他没名没分的女人，任由他在外面另寻新欢。

还有一种结局，你可能会赌气带着孩子离开，告诉你，这是最惨的结果，最好不要尝试。一个未婚女人带着孩子，日子十二分难过。

38

我发现我们没有共同语言了

【潜台词】我玩够了，也玩腻了，厌倦了。而且我还发现了更有趣的人，你是不是可以选择离开了？

见多了各式各样的分手，听多了五花八门的分手"台词"，像许慧心这样，前男友一句"我们没有共同语言了"，便结束长达几年的恋情，这种分手不在少数。

恋爱，追求的是两人在一起快乐、开心，说不完的甜言蜜语，如今，连话都没得说了，还谈什么恋爱，结什么婚呢？

许慧心不是那种死缠烂打的女人，既然男友这么说了，分手就分手。她不仅下了决心，也付诸了行动。

许慧心和现任男友相识于一次聚会，当时就有好心朋友提醒她，这个人常常扮演绯闻男主角，最好不要与他深入交往。可是许慧心却固执地认为自己就是这位花心大少最后的情感归宿。

在两人正式交往的一段时间，男友表现得还真不错，大有回头是岸的态势。不仅每天护送许慧心上下班，还寸步不离地陪伴她左右，恨不得一天有 25 个小时黏在一起。幸福是最有感染力的，作为朋友我们为许慧心高兴。

在两人世界里，许慧心满心以为婚期就要逼近，天天期待着一场浪漫婚礼的来临。她哪里知道，男友的想法与她一点都不搭，这天，男友告诉她，相处的这段时间，发现彼此已经没有了共同语言，他们更适合做朋友，而不是恋爱。许慧心吃惊得如同见到了外星人，一句话也说不出。

男友一副大方体贴的表情对许慧心说："我们都是成年人，我相信你是善解人意的女人，有些'游戏'玩得起，对吧？"

话已至此，许慧心还能怎么样？只有认栽了。男友为了表示自己的多情多义，临走时还说："以后还是朋友，有什么事尽管找我。只要能帮你的，两肋插刀在所不辞。"

话说得感人，可是许慧心未必放在心上，一个失恋的女人，只有慢慢咀嚼内心的痛苦。接下来很长一段时间，许慧心才走出失恋的阴影，并寻觅到了新的男友。上帝偏偏喜欢跟她开玩笑，就在这时，她又遇到了那个花心大少。

那天，许慧心和男友参加同学聚会，进门不久，前男友正半拥着一个女孩聊天。四目相对，他若无其事地与许慧心打招呼，还跟怀里的女孩说他们是死党，并邀请许慧心和男友一起逛街吃饭。

许慧心的男友不知她之前的事情，很高兴地答应了。之后，他们果然一起来到商业街，边逛边聊，好像很投缘一般游玩了半天。

事后，许慧心认为这不过是生活的小插曲，不会再有如此恰好的事情发生，当然也不会再和他有什么来往。可是她想错了，那位前任男友还真把她当成了朋友，有事没事给她发短信，约她吃个饭。许慧心非常生气质问他："我跟你有什么关系吗？我们早就无话可说，还见什么面！"

前男友嘻嘻直笑："我不是说了吗？我们还是朋友，我想帮你。"许慧心觉得他不可理喻，不想理他。

可是有一天，前男友喝醉了，也不知故意还是巧合，在路上遇到许慧心。许慧心心软，就开车把他送回了家。结果，第二天前任男友的女朋友就来到许慧心的公司，大吵大闹说她不要脸，是第三者、狐狸精。许慧心受了伤，现任男友也不听她解释，还要与她分手。现在她的情况是两头受气。

【心理剖析】

爱着的时候，千好百好；不爱的时候，话不投机半句多。情侣之间的"共同语言"就是这种情况。卫灵公喜欢弥子瑕的时候，高兴时吃她剩下的半颗桃子，不喜欢了就说她拿"吃剩的桃子"给君主，其罪大焉。

所谓的"没有共同语言"是男人发明的分手"外交词"。话都没得说了，还在一起干什么？从此，他当真不与女人联系，不再与之聊天，不再与之谈情说爱。冷淡之下女人也会索然无味，最终无奈离去。

这样的分手无伤大雅，甚至算得上体面。既达到了目的，又保全了男人的形象，还为日后做了铺垫：他不是个随便的男人，有追求，重感情。

这样的男人确实有追求，希望追到更多女人；果然重感情，重视与每个新女友的感情。

但是，对你来说，他显然只是一次人生经历而已，没有足够的爱，也没有什么情分。

【见招拆招】

分手了就不要做朋友——女人应该记住这个人生哲理。不管是谁，见了前任情人总会有些尴尬，毕竟两人有过超越常人的感情，何必一而再地强化这段记忆。

生活需要遗忘，旧情也一样。"分手之后还是朋友"，只是一句电影台词，千万不能当真。看到前任情人与别人亲热，祝福还是规避？前任情人提出帮忙的要求，帮还是不帮？处理好了落个人情，弄不好伤人又害己。所以，倒不如做最熟悉的陌生人。

39

你会找到比我更好的

【潜台词】我想换个玩伴，你就不要缠着我了。

----

24 岁的网友薇薇向我吐露心事，说她最近被一个熟男耍了。在遇到这个男人之前，她曾经有过一次恋爱，前后两年多，后来发现男友有暴力倾向，就选择了分手。也许受这件事影响，她对待恋爱有了新认识，觉得应该找个成熟、稳重、受教育程度高的男人，这样比较保险。

有心人事竟成，薇薇果然遇到了一位符合条件的男士，银行高层经理，收入高，稳重有风度，只是离异了，还带个孩子。虽然从没有想过会找个"二手男"，可是接触后发现他对自己十分用心，嘘寒问暖，渐渐地产生了好感。在交往中，男人表白说："我有过婚姻，这一点是个缺憾，但也是优势，这让我更清楚自己该找个什么样的女人过日子。"话说得朴实，薇薇听了也觉得踏实。

之后，他们的交往密切起来。这天，男人提出带着薇薇去自己家，说："你应该好好了解一下我的生活状况，如果可以就搬过来住吧！"薇薇一个人在这座城市打拼，无依无靠，想到将有一个落脚之地，心里十分激动。晚上吃过饭后，薇薇跟着他来到了家里。薇薇本想坐坐就走，可是这个男人似乎早有准备，拉着薇薇情意绵绵，说不完的甜言蜜语。看着他深情的目光，薇薇虽有些不愿，却还是跟他发生了关系。

云雨过后他要薇薇留下来过夜，薇薇没有同意，毕竟这一切来得太突然了，她没有心理准备。

回去后薇薇满心喜悦，以为爱情之花将会越开越鲜艳。但出乎意料的是，第二天男友不闻不问，毫无动静。

夜里，薇薇思来想去觉得不对劲，就主动给他打电话。男友很冷淡，说在外地出差，今天回不来了。几天过去就是情人节，薇薇还是没有等来他的电话和其他信息。这是怎么回事？薇薇担心了，她不知道事情为何发展成这样。

周末，男友发了个短信，约薇薇见面。可是晚上又说有应酬，没办法来了。

薇薇沉不住气了，多次给他打电话、发短信约他见面，可是总被他以各种借口推托。薇薇没办法就说："我们电话里说说吧！"他不同意认为还是见面比较好，电话里说不清楚。

事情就这样拖延了下去，直到有一天，男友发过来一条短信，上面写着一行字："我觉得你会找到比我更好的。"

薇薇很迷茫，这是什么意思？他喜欢我还是不喜欢？还会不会跟我见面？接下来该怎么办？薇薇不是随便的女孩，生活中奉行传统爱情观，如今却不明不白与人发生了关系，她不敢也不愿跟身边人说，只好把心事告诉我，希望听听我的意见。

【心理剖析】

在得到女人之前，男人甜言蜜语、信誓旦旦，貌似最有责任的男人，目的只有一个：哄女人相信自己。

很简单，只有女人相信了他，才有可能把自己交给他。

故事中那个男人先是哄女人开心，诉说自己的不幸让女人心软。接着，邀请女人回家。目的不言而喻，感觉好可以多带她几次，感觉不爽就没了下文。

其实，男人的这种伎俩并不难分辨。一个真正有责任心的男人，不会轻易对交往不久的女孩许诺未来。一个熟男离异还有孩子，对年轻女孩许诺婚姻的可能性很低。像他自己说的"经历过一次婚姻，更知道找个什么样的女人过日子"，他是说这次婚姻一定要把握好，千万不能再有闪失。因此，他会考虑很多，权衡各种利弊，比如孩子的问题。考察这些情况需要时间，所以，快速地轻易地许诺，一看就不诚实。

在多日冷淡之后，他说："你会找到比我更好的。"宽慰之中显示出警示，表明下了决心与你分手。可是一个熟男在占有了年轻女孩的身体之后，"分手"二字实在难以说出口，便打算冷处理，不想让你纠缠不休。如此说，一来表明自己不是好色男，不是为了性而性，二来宽慰你，不是我不喜欢你，而是你太好了，我配不上你。

【见招拆招】

熟男一定先有性，才考虑婚姻。他知道性在婚姻中的重要性，因此千方百计引诱女孩上床。在得到她之前，也许会喜欢她的单纯天真，得到之后，就该与现实挂钩，考虑这个女孩会不会、能不能跟我生活一辈子，可不可以做好孩子的继母。

从故事的发展来看，薇薇被男友的成熟、风度、职业吸引，被他的关照、用情打动，但这些只能说明她很喜欢男友，不代表她能照顾好男友的家庭和孩子。

至于男友，一个熟男完全有能力掌控薇薇的心思和感情，却不一定真能保护她一辈子。

从目前的状态看，男友下了决心分手，薇薇没有能力挽回这段感情，她要做的就是尽快走出这个错误。因为即便两人见面了，谈的还是如何分手，而不是如何发展下去。

薇薇应该记住这次教训，在日后的恋爱中，不可被表象迷惑，不能轻易相信男人的许诺，更不要随随便便去男人的家里。真爱，需要时间的检验。

40

我是为了你好

【潜台词】更是为了我好。你好我好，大家分手会更好。不是我无情，而是我有义。

常常在网络上看到一些被甩女子的文章，不为别的只是为了宣泄心中悔恨。说来也是，曾经的海誓山盟，曾经的牵肠挂肚，一句话成了陌路。这让那些爱着的女人如何接受，如何活下去？

在各种分手借口中，"我是为了你好"是男人们屡屡采用的借口之一。

一次，我接到了一位网友的来信。信是这样写的：

我和男友的爱情并不复杂。机缘巧合我认识了他，只不过我是一名OL，而他却是个外地人，没有正式的工作。我们之间的差距悬殊，在很多人看来，我和他根本不是一路人。我也知道这些情况，从前根本没想到会跟这样的人恋爱。可是自从我认识他，就被他的甜言蜜语弄晕了头。他能言善道，好像我肚子里的蛔虫，我喜欢听什么他就说什么，我喜欢做什么他奉陪到底。

每天我一出门，他早早地站在外面，帮我买好了早点，然后陪我挤公交车，一直护送我到公司门口。他一天给我打许多次电话、发短信，诉说相思之苦，真让人觉得一日不见如隔三秋。我喜欢逛街，他总是兴趣盎然地同行，别看他没有多少收入，但大方地请我吃小吃、喝饮料，虽然花不了几个钱，可是让我感动，毕竟那是他的血汗钱，礼轻情意重。

在我眼里，他纵有千般不好，只要对我好就够了。很快，我们同居了。一起生活之后，少不了日常开支。我的收入多，理所当然花我的钱过日子。他有很多朋友，经常与他们相聚应酬，他自己也很喜欢这样的事，觉得这是"面子"。当然，应酬往来的开销也由我出。我一个人的薪水既要养活我俩，还要应付场面上的事情，结果月月光，有时候还要信用卡透支，不然就没了饭钱。

迫于生计，他也会零零散散地找些工作做，可是这些工作要么脏累差，要么就是不稳定。他也不满足这种状态，常常借酒浇愁，希望谋到一份像样的职业。看着他苦恼比我自己受苦还难受，我开始托人找关系、走后门，想尽办法给他谋出路。还不错，春节后不久，一家医药公司同意他去做仓库经理。这是一份稳定、干净、收入可观又清闲的工作，他高高兴兴地上班了。

当然，他没少在我耳边抹蜜，什么我爱你，遇到你真是前世造化，感谢上帝让我遇到你，我会一辈子对你好，等等。我爱他，相信他，陶醉在这些甜言蜜语之中。可是后来的事实让我明白了什么是"糖衣炮弹"。

大约过了三个月，我隐约觉得他出了什么问题，甜言蜜语少了，不似从前那般关心我，有时候晚上也不回来。我起了疑心，却没有什么证据。这时好友劝我："赶紧结婚吧！你付出了所有的男人，别跟其他女人跑了。"

这样的劝说正中我的下怀，就对男友说："以前条件不好，没办法操办婚礼。现在有条件了，你看怎么办好？"他支支吾吾："我工作时间短还没稳定，要不过些日子再说。"

这是他的真实想法吗？以前他还急着跟我办领结婚证书，现在怎么变卦了？

在我追查之下，真相浮出水面，原来这个负心汉在外面有了情人！我差点没被气死，指着他痛骂："你吃我的喝我的，还背着我搞女人，你还有良心吗？"

即便如此，我也没有想到与他断绝关系，毕竟三年的感情，再说我付出那么多，不甘心被他耍了。最后，我还是催他赶紧办婚事。逼急了他竟然提出分手，他说："我这是为了你好。你是OL，有学历、有前途，嫁给我太委屈你了。"

真如五雷轰顶，我当场昏过去了。

之后，他干脆搬出了我们的住处，玩起了"消失"，对我的留言、短信、电话置之不理。

我该怎么办？痛不欲生就是我的真实心情，我想到了死，也许只有我死了，他才会知道我有多恨他。

【心理剖析】

虽然人们痛恨吃软饭的男人，可是还是有很多男人喜欢吃软饭。这确实是一种轻松的"职业"：动动嘴哄女人开心，然后一切生活大计都解决了。不用操心赚钱，还能享受甜蜜爱情，人生在世还有比这更美妙的事吗？

有一位女作家写过一篇文章，大意是支持吃软饭的男人，认为吃软饭要有本事，还列举了马克思等名人作证。

想想男人吃软饭实在没必要大惊小怪，谁规定只许女人靠男人，不许男人靠女人？但问题的关键不在于谁靠谁，谁养谁，而是两者的关系如何平衡、稳定。

故事中的男人吃了女友三年软饭，厌倦了、玩腻了，摆出一副道德君子模样：我配不上你，不能连累你。屁话，三年前你怎么不这么说？三年来乐此不疲地享用她的情感、她的身体、她的钱财，怎么就配得上呢？

所以，以"为了你更好"为理由提出分手的男人，不仅虚伪而且可耻。

【见招拆招】

既然他铁了心吃软饭，而且不只吃你一个人，这种男人不值得丝毫留恋。但是女人心里难受，不甘心，很想教训他。这种想法固然值得同情，但不值得赞同。

爱上一个卑鄙的男人已是错，为他做出过激行为更是错。你想到了死，可是这只会换来父母的悲恸，他照样吃喝玩乐，照吃软饭不误。而且他会庆幸：多亏与她分手了，不然这种寻死觅活的女人，早晚都是麻烦。看到了吧！你才是那个最不懂事、最不值得可怜的人。

要想教训他，最好的办法是活得更加精彩、快乐，把自己修炼成人见人爱的魅力女人。那时他才会真的后悔：当初真是瞎了眼，怎么放弃了呢？

　　而你，那段痛苦的经历成为了宝贵财富，让你更懂得如何爱，如何生活。

和你在一起很累

【潜台词】很简单，快点离开我，让我轻轻松松开始一段新的爱情。

看多了悲欢离合，听多了女人对男人的控诉，只是英子的故事更令我感慨颇多。

英子比我小不了几岁，由于喜欢文学，与我有过交往，那时她还在读大学，亲切地称呼我"老师"。没多久，她大学毕业，在一家企业做文案工作。如果没有那个男人出现，她的生活也许会十分简单，但两人还是相遇了。

那个男人三十岁左右，在电台做广告业务，也算小有成就。因为工作关系，英子常常跑电台，不知不觉与他建立起了感情。这个男人早已娶妻生子，有了稳定的家庭生活。英子并非情场达人，可以说对爱情还很陌生，当她发现自己对他的爱时，已经无法离开他了。

英子不想做第三者，几经权衡，希望从这场不该有的恋情中抽身。她多次痛下决心与那个男人分手，鼓励他与妻子好好生活，可是他就是不同意。他说与妻子早就没有了感情，曾经多次提出离婚，只是孩子还小，不忍心伤害孩子，因此一直拖到现在。

不久，男人的妻子知道了他们的事，大闹一场，离婚大战由此拉开帷幕。接下来，经过长时间鏖战，婚终于离了，妻子分走他一大半财产。他呢？经过这次折腾，工作受了影响，又去投资做生意，由于缺乏经验接连失败，经济上很吃紧。这种状况下，英子觉得他是为了自己才走到今天这个地步，应该多多支持帮助他，所以尽管双方父母极力反对两人结合，他们还是生活在了一起，只是没有举行婚礼。英子想，只要帮他创业成功，有了钱父母们一定会赞同的。

经过两人八年齐心协力的付出，他的事业终于有了起色，从一无所有变成了有房有车有事业的男人。这个时候的英子总算出了口气，年华渐逝，她迫切地想与男友结婚，组成幸福的家庭。

然而，激情退去，英子与男友之间的爱情早已慢慢发生了质变，甚至十分糟糕。男友对她的挑剔与日俱增，再也没有从前的恩爱缠绵，为了一点小事就会指手画脚，猜忌生气。英子觉得男友摆明不愿与自己相处下去，可是她还是努力说服自己，这是暂时的一切都会好起来。

英子要求尽快结婚，她认为这是解决目前状况的最佳途径，为此一个人辛苦地操办着婚事。男友不但不闻不问，还在这个时候往她心上捅了一刀，他背叛了英子与其他女人开始交往了。

这一下差点要了英子的命，她看到了男友在 MSN 上的留言，让她恶心的是，他说给这个女人的话，与八年前对自己说的简直如出一辙。当时，英子就傻住了，她想到了"因果报应"这个词，心中有种说不出的痛苦。

男友没有一句安慰，而是提出了分手。他说与英子在一起，心里有种负重感，总觉得很累。他的孩子觉得是英子拆散了他的家庭，一直记恨她，所以他宁可接受其他女人，也不能跟英子好下去了。他还说自己舍不得骨肉亲情。这是什么屁话。英子很想骂他，却骂不出口，只觉得心在滴血。男友除了表示道歉和补偿外，表明了不再回头，他说那个女人年轻漂亮又能干，还很爱他，宁可牺牲与父母的亲情也要嫁给他。

英子不明白，这么好的女人为何与自己抢男人？男友回答："当初，我跟前妻也是有感情的，是我变了心。现在我又变心了，只能对不起你。"这样的话出自深爱的男人之口，英子的感受可想而知。为爱付出了八年好时光，结果换来男人这么一句鬼话值得吗？可是英子鬼迷心窍般，还是希望挽回男友的爱，分手之际还说："如果你又离婚了，我还会等你的。"

这样一波三折的爱情历来都是花边新闻和茶余饭后的话题，对英子的表现我除了同情还有可恨，难道你就不能有骨气一些，离开这个朝三暮四的烂人吗？

【心理剖析】

有人说，男人出轨是会上瘾的。虽然这句话不见得准确，但事实证明，很多男人一旦出轨，就不把这样的事情当回事了。偏离轨道的火车，好像有了惯性，很容易再次犯错。

当初，那个烂男人就是受不了诱惑，与英子走在一起，如今，又有了更强、更大的吸引力，出轨还不是理所当然的？

受道德约束，男人第一次出轨会有很强的负罪感。在这种压力下生活，随着激情减退，一切归于平淡，男人的欲望再次受到了挑战。很自然的，新女性的出现给他带来了新的冲动和快感。

于是再次背叛，满足了心理和生理需求，突破了道德底线，最终，他变成了一只破罐子。破罐子破摔，也没什么大不了的。

所以，他直截了当跟你说："与你在一起很累"。潜在的含意就是：你既然爱我，就不要让我活得这么累，放了我吧！我追求的是轻松自由的爱情，像当初我追求你时一样。

【见招拆招】

人生不是道理讲得通的，你觉得委屈，认为男人欺骗了自己，可是他还认为你破坏了他的生活。抢来的爱有风险，因为这种"爱"背负着太多不该有的东西，甚至是一种变态的爱。事实证明，"小三"转正后，日子往往越过越不好。

八年前，他背叛了老婆与你在一起，八年后，他背叛你与情人在一起。对他来说，不过是重复做一件事，而对你来说，却是无法忍受的痛苦。那你为什么不想想，当初他老婆是如何接受你们这种关系的？你又为何不反省一下：我这么好的条件，什么样的男人找不到，为什么非要跟她抢老公？

早一天反省，早一天清醒，要是八年前就这么想了，也就不会有今天的痛苦。

所以，不必再纠缠了，不如潇洒一点，去寻找另外的快乐。人，不能在一棵树上吊死。

你想要的我给不了

【潜台词】不要指望我了，你想要的我不想给，还有什么好说的，就此分手吧！

记得有首歌唱道："你想要的，我却不能够给你我全部；我能给的，却又不是你想要拥有的。"一语道出了爱情中的很多无奈与不幸。年轻的时候，我们很喜欢这样的歌词与情调，认同这样的观点与想法，因为彼此相爱，确实有很多不得已。

女友凯米听了男友的这句话后，在 MSN 上留言："亲爱的，我一定会等你。"

他们的故事开始于两年前，并不复杂也没有传奇色彩，偶然间网络相遇，男欢女爱，彼此开始交往。

记得当时凯米不怎么同意，因为她出生在富裕的家庭中，是家里的独生女，就算她不是物质女孩，可是在钱堆里长大，也受不了清贫。男友是刚刚毕业的大学生，没车没房没存款。有时候，越是地位悬殊，越容易激发女孩子的爱心，所以他们还是轰轰烈烈地相爱了。

不过，差别带来的新鲜感一过，激情减弱波折就会乘虚而入，不久

169

他们就开始闹矛盾。倒不是凯米嫌他钱少，而是话不投机。凯米的亲戚朋友要么是富商，要么是高官，所以张口闭口都是某人去国外留学了，过几天有人请她去马尔代夫旅游了，朋友们都换了新车，等等。总之，从凯米嘴里说出的话，男友听着就像是天方夜谭，遥不可及。

不过，男友并没有因此退缩，他觉得凭自己的才学，将来一定也会过着好日子。所以，他每次尽量不往心里去，还对凯米表白，自己多么努力，工作又有了哪些成绩，正在考虑如何进一步发展，等等。可惜，凯米对这些一点也听不进去。有一次，男友发了一万块奖金，兴奋地请她去逛街，结果还不够凯米半条裙子钱。

渐渐地他们之间不再和谐，今天不知为什么吵一阵，明天莫名其妙闹别扭。凯米心想你太不知足啦，我跟你亏大啦。男友反击她，你就是个物质女。凯米气急了，我物质我自己的，我要你什么物质啦？男友不吭声，但一脸反感的表情。

吵过后凯米有些后悔，认为自己不该刺激男友，主动向他示好。男友也会道歉，还说："你相信我，我会给你一个美好的未来。但我现在不敢说什么，只能告诉你买不起车买不起房。你跟我还会受一段时间苦。"凯米感动得倒在他的怀里，享受爱情的甜蜜。

这样的日子持续了半年之久。男友的公司举办去泰国旅游，凯米听说后，急忙收拾行囊。可是她左等右等，却等不来男友的邀约。她给男友打电话，得到的答复是："我忙，一会儿再说。"过了不久，凯米再打，对方不接。

一连过了两天，男友的电话才打回来，原来他一个人去了泰国，回来后才跟凯米联系。凯米很生气，男友解释："漫游加长途，我给你打电话多花钱。"凯米说："不至于吧！我还不值几个电话钱。"男友说：

"你这样说就不对了，我也是为了省钱，知道吗？这次旅游人太多了，等我赚够了钱，我们单独去玩。"

就这样凯米的怒气转瞬间烟消云散。

爱情就是这么神奇，尽管之后凯米觉得男友不再像从前那般恩爱，好像忙了，对自己的关心也少了，但她从没想过男友会离开自己。直到有一天，朋友无意间透露，男友有了新欢，她才有了警觉。直到男友亲自对她说，准备去外地发展，她才慌了手脚。

男友临走前安抚凯米："不要胡思乱想，我绝不是跟你分手。我只是想多赚钱。我听人说那边的空间很大，我计划好了，用三年时间赚够房钱车钱，然后回来娶你，让你风风光光嫁给我。"

凯米相信男友，她要等他，等一个盛大而荣耀的婚礼，所以才有了开头她在网络上的表白。只是这个故事会怎样演下去，绝不是他们说的和想的，故事恐怕到此结束。男友开着 BMW 来接凯米的可能性，估计比外星人光临地球的概率还要低。

【心理剖析】

男人就是这样，哪怕事实已经证明他不爱那个女人了，也不肯简简单单说出"我不爱你"这句话，反而要挖空心思找出一千个无聊的理由，去搪塞敷衍、去遮掩逃避。从这点看，男人不仅可耻可恨，实则很可怜可悲。

男人说"你想要的我给不了"，也许真的是能力有限，也许只是一个借口，但潜在的意思是在告诉女人：我不想为你负责任了。

　　真正爱着女人的男人，即便真的一无所有，也会千方百计为她着想，除了物质，还有体贴和关心，疼爱与呵护。总之，他不会让女人失望伤心，不会放任两人的关系随便发展，他很想很想把自己交给女人，包括身心、思想，以及未来。

　　故事中的男人也许爱过凯米，但在现实面前退缩了，他不能也不想满足凯米了，因为他的爱已经褪色、变质。他不是为了赚钱而放弃恋爱，只是放弃了与凯米的恋爱。

【见招拆招】

　　女人很伟大，当男人无法满足她们的需求时会说："没关系，我一定等你"。可是恋爱是用来等的吗？恋爱是一种彼此的需求，但不是等待。

　　在恋爱关系中，女人不必要多么伟大，只要清醒就足够了。明白男人的话哪句是真，哪句是假，不要只听他怎么说，还要学会看他的行动。

　　他与你联系少了，说明对你兴趣低了；他为了赚钱离开你，说明他打算分手了；他说你可以接受其他男人的追求，说明他根本不爱你；他说不想恋爱，只是不想和你恋爱；他叫你与人多交往，是不想你缠着他。

　　一句话，只要是真爱，一切都不是障碍。

异国恋很辛苦

【潜台词】我不想和你恋爱了，哪怕近在咫尺。

去年，好友斐娜带着女儿去欧洲旅行，到了法国、意大利、德国。这期间她结识了一位年轻帅气的司机，小伙子是法国人，英俊浪漫，跟斐娜聊得很投机，彼此还留了电话。斐娜是单身富婆，与老公离婚已有几年，一直独自带着女儿生活。说真的在异国他乡，偶遇这样一位男人，春心不被撩拨是很难的，何况斐娜还独身几年。

当晚，斐娜就给他打了电话。第二天，斐娜早早出去了，晚上回来看到他的留言，落款处一个大大的"kiss"，真是令人心神摇荡。斐娜知道自己太喜欢这个男人了，很想拥有他，可是能吗？斐娜很怕一旦上了床，就会失去他。很明显两人来自不同国家，今朝一别何日再见？斐娜是过来人，了解感情游戏的规则。

然而，理性怎么能抵挡住情感的诱惑。晚上，他来了。斐娜借口陪女儿睡觉进了宾馆，她想平静下自己的情绪。他没有走一直等，也许太累了，等女儿睡了，他也打起盹。斐娜看着他那张轮廓分明的脸，忍不住弯下腰，吻住了他的唇。

就这样，斐娜享受了几天法国式的浪漫爱情。她简直陶醉了，她无法忘记这个可爱的男人。

尽管回国后她努力克制自己，可是不到一个月，她就失去了自制力。他们又有了联系，法国小伙子留了电子信箱的地址，跟她要了照片。斐娜疯了一样地想他，不时在网络上留言。但小伙子没有很快回复，这让斐娜感觉不妙。于是打电话，但不是每次他都接听。不过，斐娜还是很激动，因为对方问她何时再去法国。看来，他也想自己。

斐娜紧张地计划着再次去法国旅行的事情，当然，这次去说是旅行，实际上完全为了见他。春天来了，相见的日子越来越近，法国小伙子显然很兴奋，语气中透露出急不可待。

还是上次相聚的地方，他们又见面了。晚上女儿一睡，斐娜和他就拥抱在了一起。

良宵苦短，法国行程该结束了。

晚上，他们带着女儿一起出去吃饭，像一家人似的开心快乐。夜里，他们狂热地欢爱之后，法国小伙子倒在斐娜身边睡了，没有告别的话，没有甜言蜜语。

第二天，斐娜和女儿出门时，法国小伙子亲了女儿的脸，又当着女儿的面亲了斐娜的唇。斐娜虽然不动声色，但早已心花怒放，她认为这是求婚的征兆。当他们挥手再见时，小伙子不忘叮嘱联系他。

斐娜记住了这句话，到家后就给他打电话，可是一连几天，对方从没接听。这是什么意思？再过几天就是他们相识一周年的日子，斐娜想好好跟他聊聊，为此她特意等他下班后拨过去电话。他接了但显得很意外，因为斐娜没用从前的电话号码。他只说了一句"过会再打"，就挂了，此后，他再也没有接听斐娜的电话。

一腔热情换来冷面相对，斐娜的心情可想而知。可是恋爱中的女人就是这么傻，晚上她忍不住又打开了邮箱给他写信。奇怪的是信发出去不久，就收到了回信。他是这么说的："你来法国看我，我很开心，我们在一起，我很快乐。可是抱歉，我们不能继续这种关系了，相距太远这样的恋爱太辛苦。谢谢你，还有你漂亮的照片。"

斐娜不知道该不该回信，回信又该说什么。她那样爱他，舍不得他，她向我哭诉："纵然不能相爱，做朋友也是好的，对不对？只要彼此还有联络，我就心满意足，我的生命中不能没有他。"

【心理剖析】

异国恋，本身就是一个浪漫的词汇。距离产生的美感，不是一句话两句话就能说清的，积聚多日的思念化作一腔热情，一次热拥，销魂之爱，那滋味何其美妙？

从内心看，男男女女或多或少都希望有一个异国恋人，不为生活牵绊，只为情爱而思念，远远地望着，真切又虚无，渴盼又焦虑，令人陶醉，妙不可言。

尽管如此，异国恋在男人和女人心中的地位还是有所不同。女人，容易感性地爱上异国恋；男人，更多只是当做生活的一段小插曲，可以恋一恋，但不可以长久的爱。

故事中的法国小伙子，要的只是和异国女子欢愉时的不同风情。当他看到女人为了爱而纠缠时，就说"异国恋很辛苦"，意思是警告她不要太痴情，我已经不喜欢这种游戏了。分手吧！没有其他选择。

【见招拆招】

女人的痴情在于不忍放弃任何一段感情，哪怕这段感情中只有她在付出，没有他人的投入，还偏执地认为这就是爱情。为了减轻分手的痛苦，还要自欺欺人地说："只做朋友也好。"这不过给自己留一条后路，盼望有朝一日能峰回路转，守得云开见日月。

其实，异国恋情并没有错，人类是复杂的感情动物，那个时候遇到了那个人，怦然心动，为情而爱属于正常。

不过，人毕竟是社会性动物，不是每种"爱"都会得到祝福，不是每种"爱"都有未来。情动之际不要忘了"理智"二字，想想这段爱值不值。

家里人不同意

【潜台词】你想嫁给我，会遇到很多阻碍，我不能帮你，也不想帮你。所以，你最好打消嫁给我的念头，明白吗？

陈莎莎和徐国强是我们公司财务部门的一对年轻恋人。陈莎莎比徐国强早毕业两年，比他大三岁。她很热心，国强刚来上班时，遇到什么难题，不管是工作还是生活方面的，都是她帮着处理。有一次，国强做的报表出了差错，这是个大错误，按照规定会扣除半月奖金。莎莎觉得他刚工作薪水低，家又在外地，就主动承担了过错，连夜重新做了报表。

国强很感激莎莎，请她吃饭、唱歌。渐渐地他喜欢上了莎莎。

莎莎并不同意，她认为两人在同一个部门工作，谈恋爱太别扭了，姐弟恋她可没想过。但是国强很执著，趁近水楼台之便，无微不至地关心呵护莎莎。

这样的爱情攻势实在难以招架，莎莎不由自主脑子里时时刻刻都是国强的身影。这时，办公室的同事们也看出端倪忍不住撮合："莎莎，多好的小伙子，还不抓紧，小心被别人抢了。""女大三，抱金砖，犹豫什么？""我要是有女儿，就嫁国强这样懂事的孩子。""在一块工作多好，免得看不住了出问题。"

看来真是遇到白马王子了。莎莎开始跟国强约会，其实也没什么可约的天天见面，不过是下班了出去吃饭逛街，然后回到住处说悄悄话。情话总让人听不够，莎莎越发离不开国强了。

他们的恋爱非常顺利，用国强的话说："在同事们的监督下，我只有好好表现。"

眼看着恋爱要开花结果，不想麻烦找上门。国强的妈妈听说了这件事后，坚决反对他们来往，因为莎莎比国强年龄大，她不想娶这样的儿媳妇。莎莎有些泄气，国强鼓励她："别担心，我会说服妈妈的。"

莎莎说："会吗？看你妈妈的意思，态度很强硬。"

国强说："没事，我妈妈就那样。"

之后，两人的爱情明显蒙上了阴影，不再那么从容和坦荡。莎莎感觉国强总是有心事一样，放不开也放不下。她觉得爱情是两人的事，如果国强真的爱自己就该明确态度，不能因为家里人的意见，影响两人的感情。国强同意她的说法，但好像迟迟不敢跟家里人摊牌，反而求莎莎："你给我半年时间，我一定会争取妈妈同意的。"

莎莎有心等待，却无力回天。别说半年，不到一个月时间，国强自己倒犹豫了，原来爸爸也不同意他们交往。在父母的反对下，国强矛盾了。这天午后趁着办公室没人，他提出了分手。莎莎感到很意外，但这是办公室，她不想让彼此太尴尬就故意说笑。

虽然分手了，莎莎还是不能彻底忘掉他，她承认自己喜欢国强，而且觉得他对自己也有感情。前几天他出差，还打回电话说想她。回来后两人见面的刹那，真的很想拥抱在一起。

分手后莎莎给国强打过几次电话，但他忽冷忽热，让人捉摸不透。有一次夜里很晚了，莎莎忍不住给他打电话他没接，再打，接了却很不耐烦。

现在的莎莎觉得很委屈，很难过，她想挽回这段感情，又不知道该如何征得国强父母的同意。

【心理剖析】

搬出父母做挡箭牌，男人意图给人留下孝顺的印象，让人觉得他有责任心有爱心。

不可否认孝顺是美德，可是这类男人的孝顺只能说明两个问题：一是他虚伪不敢承担爱情责任；二是他懦弱甚至幼稚，是典型的幼齿男，人格不够独立。

真正爱你的男人，会把你放在内心最重要的位置。为了爱情他会排除万难，勇往直前。哪怕是父母的反对，社会的压力，他都会想办法克服，最终与你生活在一起。

这不是说爱情不必父母认可，而是说男人如何对待你们的爱。父母的一两句反对，就改变了他的爱，这个"爱"也太不牢固，太不可靠了。

所以，"家里人不同意"只不过是男人一句冠冕堂皇的理由。他对你的爱本来就不够深，有了外力的阻挠瞬间就瓦解了。

【见招拆招】

恋爱中的女人特别容易被打动，尤其是男人那些看似高尚的借口，女人听了不但不烦，还真以为他多么崇高多么了不起。被人卖了还帮着数钱，用来形容这类女人一点也不为过。

孝顺与恋爱不冲突，因为孝顺而放弃恋爱，这种概率并不高。现在，你为了爱在坚持，他却一再退缩，你们之间的付出已经不对等了。这样下去，你就像掉进了深渊，难有出头之日。

真正的爱情需要勇气，才能捍卫住幸福。既然他不够勇敢，你一味付出也没有意义，亏欠的越多，心理越难平衡。

第五章

答非所问——玩暧昧离不开的试探谎言

45

反正都是一个人

【潜台词】目前的我，很寂寞很无聊，或者我现在一个人生活，很需要有个伴，你呢？是不是与我一样？如果是的话，我们可有的聊哦！

西西是论坛中的一个小朋友，还在读大学。前天发了一篇文章："真无聊啊！又到假期了，怎么过啊？"不知道这个小女孩想干什么，她的文章发出来后，立刻引起很多男网友的兴趣。其中一个叫"我行我素"的响应说："能怎么过？每次放假时间长了，都是挺无聊的事。有男女朋友的还好，成双成对借机玩个痛快。像我一个人，也就是跟朋友喝喝酒，其他无所谓啦！反正一个人，做什么都没劲。"

西西很关注这个响应，实时给了回复，表示了同感。

"我行我素"兴致勃勃地跟着回应："其实，也不用想太多。放假也可以好好休息，看看电影，听听歌，一个人的日子照样精彩。"

西西开始认同"我行我素"的说法，继续回复道："本来挺羡慕那些成双结对的情侣，看到他们一起出游，有些羡慕又嫉妒。现在想想也是，一个人做自己喜欢的事更好。"

"我行我素"看了西西的回复，心里很得意，他知道这个小女孩正在跟着自己的思维前进，所以，他接着西西的话说："现在的人，恋爱了就把什么节日都当成情人节过，也不看看是清明节还是光复节，都弄得特别的浪漫。"幽默的语言博得西西和论坛其他人的一阵大笑。

其实，作为旁观者和过来人我们心里都清楚，这个"我行我素"写的这些话，一方面是在跟西西套近乎，另一方面也在吸引其他寂寞的单身女性。他说的话表明了一点：我是单身，我很寂寞，如果有需要的话，可以联系我。

这是一种暧昧的表达方式，也是很多暧昧关系的源头。

几年前，我被公司派往外地办公，由于事情复杂，需要在那里住半年之久。当地部门一位姓刘的男士很关心我，常常帮我跑这跑那。每次我向他表示感谢，他都会说："反正都是一个人，理应相互照应。"他与老婆两地分居，独自一人生活。说来也巧他老婆就在我家乡的城市工作，于是我们之间的关系似乎更近了一层。

转眼间三个月过去了，一天他请我吃饭，饭后在一所大学旁边散步。我们顺着栽满桐树的路边走边聊，远处近处不时有学生匆匆而过，这让我感觉时光仿佛倒流，又回到了大学时代。

这时，他开口说："一个人的日子真好。"

"你是说读大学的时候？"我傻乎乎地问。

"现在不是吗？"他略带质疑和挑逗地反问一句。

我没说什么，但感觉他的话里有话。想想不好再说什么，就保持沉默。

过后，我们之间的关系微妙了许多。他更加主动地帮我，我也很愿意与他聊天。这种关系就这样持续着，不知不觉我回公司的日子来到了，理所当然他会给我送行。那天晚上我们都喝了酒，他抓住我的肩膀要亲我，我吓了一跳，立刻躲开了。他追过来，开始不停地表白，还说："我们都是一个人，在一起没什么的。"

从一开始认识他时，他就说"一个人"的话，现在还是这个意思，我听明白了，他把我当成了排遣寂寞的对象。回想半年时光，我们的关系到底算什么？朋友？知己？还是其他？我借故去化妆室，离开了这个是非之地。

【心理剖析】

看似无所谓的一句话，实则隐含着一种暗示：我现在十分自由又十分寂寞，十分渴望有个女伴。可以说，男人用轻松的语气表达了强烈的求爱信息。

空虚和寂寞是暧昧的温床，如果女人也是单身，也很寂寞，顺着他的意思说"对啊！一个人无所谓"之类的话，那么就算对上了暗号。不管女人是真心还是无意，男人都接到了这样的信息：这个女人感情上也需要慰藉，那么安排下一步战略就势在必行啦。

可见，"反正都是一个人"绝不是简单的陈述和洒脱的表现，而是男人勾引女性的招数之一，他在试探对方的虚实，试图引起对方的共鸣，以达到进一步交往，甚至为了解除寂寞直接进入正题的目的。

【见招拆招】

男人说这句话的时候，与女人之间的关系还没有正式暧昧起来，双方都在试探阶段。如果女方涉世未深、天真感性，很容易被勾引成功，陷入暧昧中。如果女方情感经历丰富，肯定一眼就能看穿男人的真实用心，知道他葫芦里卖的是什么药。但是这并不代表她不会被吸引，不会与之暧昧。

即便明知道这是烟雾弹，她还是莫名不去分辨，简单地相信这不过是一句普通的话，只是陈述了一种生活状态，只关注"一个人"三个字：单身还是非单身而已。

有了这样的想法，女人就中了男人的计。即使你不想与他暧昧，但他固执地认为有机会有可能与你暧昧。

单身寂寞不一定必须接受暧昧，女人应该切记这一点。遇到这种试探性勾引你的男人时，可以这样回答："对啊！一个人挺好的，你有你的快乐，我有我的生活，一个人照样精彩，多好。"看到这样的话语，男人一定会有出师未捷的心理，不敢对你轻举妄动了。

46

我感觉你很神秘

【潜台词】我对你很感兴趣，想了解你，探究你，想与你交往，直到你肯接受我。

昨天，收到表姐一份电子邮件，她向我述说了自己在感情上的困惑。

和他认识时间不长，感觉他是个理智、有事业心的男人，谈吐礼貌，举止很有分寸。那天在一起吃饭时，我和他比邻而坐，交流得多一些。渐渐地酒越喝越高兴，每个人嘴里的话也多起来，流畅起来，激昂起来。忽然，他略微向我俯俯身，轻轻说了句："我感觉你很神秘。"我一愣："是吗？"随后，我们再也没有谈论这类话题。

饭后，大家分手散去，各回各家，各自上各自的班。饭局上的交往向来当不得真，我一直这么认为，所以对他的印象还是淡淡的。

可是第二天上班，我忽然收到他的网络虚拟礼物，还有温馨浪漫的祝福语。我回复了表示感谢，心里多少有了一丝涟漪。这个人挺守信的，昨天要了我的 MSN 号，今天就与我联系，不是那种说了不算的人。

之后，我们的联系多了。我了解了他是钢材公司的质检人员，负责质量安全工作，恰好我老公最近做了笔钢材生意，需要这方面材料，我自作主张跟他说了。没想到他十分热情，不仅详细地跟我讲解这方面常识、注意事项，还许诺一定会帮忙，让老公的钢材顺利过关。

我觉得遇到了贵人，很想请他吃饭。他答应了，但饭后他买了单。

这让我更加不好意思。

由于工作关系，他常常夜里值班，而且，这里是他们新近开发的公司，只有少数精英来到当地，他的太太和孩子还留在原来城市。就是说，他一人在我们的城市工作和生活。也许因为这个原因，他有很多时间上网。他跟我说有很多网友，但关系都一般，因为多数人都很俗气，聊不下去。他说："你不同，你很神秘。"我猜不透他是什么意思。

渐渐地，我们成了彼此主要的网络聊天对象。每天晚上打开计算机，我都会看看他在不在线，如果不在就有一种失落感，如果他忙会担心他故意躲避我。

在网络上，一开始我们聊得最多的是文学、历史什么的，这是我的强项，每次都会说得他心服口服。后来，他聊得最多的是怎么做菜做饭，好像他知道我在现实生活中缺乏这些技巧。用朋友的话说，我根本不懂柴米油盐的滋味，而他热爱厨艺，不仅收集了各种食谱，还研发创制了一些独门绝技。说实在的，每次看到他网络上发的精美食品图片，我都垂涎欲滴，只是不好意思说罢了。

他耐心地教给我如何做出最好吃的面条，怎么煲汤，蔬菜如何搭配更有营养……我很喜欢听，也很想学，有时候还会想，他为什么不请我见识一下他的厨艺呢？如果他真的请我，我会不会去他那里呢？

暑假到了，他去外地考察，很长时间不能上网，也没有给我打电话。

也许这是借口，毕竟我们都是过来人，虽然没有说破，可是心中都清楚。就在我试图忘掉与他的这段交流时，他又出现了，发给我他考察时的一些照片，照片上的他比现实中要年轻、帅气，目光温柔。

"是在注视着我吗？还是在证明什么呢？"我小心地保存下来，一个人时常去看看。

不知道这种感情还会持续多久？长此以往，我们会一直继续下去吗？

【心理剖析】

男人说一个女人神秘，表明这个女人对他具有很强的吸引力，他很想探究她，深入了解她。

那么，如何开始与这个女人交往呢？以"神秘"为借口，既给女人强烈的冲击感，营造一种充满暧昧的氛围，又避免直接坦白地表露出自己。

这就是男人的心思，仿佛一场战争，开始总是那么出其不意。

而女人，尤其是高品位女人，她们不喜欢俗套的赞美，而是希望给人深不可测、不能轻易接触的印象。这样一来，"神秘"之说仿佛是专门为她设计的台词，一下子抓住了她的脉搏。让她对这个男人有了认同感：原来他能理解，可以看透我。这个人是不是可以成为知己呢？

有了这样的心思，女人自然会顺着男人的心思往前走，岂不正中男人的下怀？

一个男人说女人"很神秘"，是他释放的迷药，意在摆一场男女情爱的迷魂阵。

【见招拆招】

当一个男人说女人神秘时，表明他对她产生了探究欲，这是暧昧游戏的一种开场白。这瞒不过久经情场的女人，但很奇怪尽管知道这是男人在示爱，她们仍然飞蛾扑火般迎上去。

不是不想拒绝，而是难以拒绝。

哪个女人不愿男人为之倾倒？"神秘"历来是她们自认为最好的武器。

但是，女人没必要为了"神秘"而暧昧，为了男人的"高估"而暧昧。说这句话的男人很可能只是想与你套近乎，而不是真正地喜欢你。如果你不想与之深入下去，大可以说："是吗？好多人都这么说，看来神秘二字贬值了。"男人听了一定会有失望和沮丧的感觉，兴趣大减。

47

只有你才能理解我的世界

【潜台词】我想把自己交给你，希望你也这么想。

在这个日趋现代化、信息化的社会，暧昧的故事层出不穷，与"前任"之间的是是非非，更是说不清道不明。

好姐妹温淑静人到中年，今年年初参加同学聚会，与 21 年前的初恋男友又取得了联系。男友并非她的同学，但是通过同学拿到了她的电话号码，接下来的日子里，开始不停地给她打电话发短信。

一开始淑静并没当回事，认为二十多年过去了，各自都有了家庭儿女，好端端的过日子，怎么可能旧梦重温？

可是，前男友好像很认真，他的话语热烈动人，每一句都撩拨得淑静激情难耐。尽管她一直强迫自己保持理智，明确告诉他不要这么做，不要打扰自己的生活。可是她内心深处，明显感觉自己已经旧情复燃。

最让淑静心动的是前男友说的那句话，"只有你才能理解我的世界"。21 年前，他们经历了一场轰轰烈烈的恋爱，如果不是男友的父母反对，不是负气之下分手了事，说不定他们就是一对幸福夫妻。初恋是那么美好、纯真，彼此之间无忧无虑地爱着，没有半点私心和杂念……

淑静不知道前男友现在的想法，但她觉得自己还是忘不了那段感情。要说这也是人之常情，可是她更明白，不能做出伤害婚姻的傻事。为了断绝与他来往，淑静再也不肯回复任何信息。

即便如此，前男友还是不依不饶，想办法与她联系，要么网络留言、要么用其他电话给她打过去，或者干脆在路上等她。

这天下班淑静刚刚走出公司，他就等在了那里。昨天，他留言说请淑静吃饭的。淑静装作不知道，也不理他，继续朝前走。他上来就拦住她，伸手请她上车。由于在公司门口，淑静担心同事们看见影响不好，所以无奈之下上了他的车。

在饭店坐下来后，淑静气呼呼地质问他："你到底要干什么？你这么做很无聊，让我很反感，知道吗？"

前男友漫不经心地说："是吗？你真的很反感吗？"

淑静一脸气愤，没说什么。

前男友点了饭菜，都是淑静爱吃的，然后继续说："我知道，我们之间不可能有什么，你放心我与你联系也只是做个朋友。这么多年来，只有你最理解我，也只有你才能理解我。"

这话让淑静感动，也让她不知所措，她清楚前男友流露的绝不是"普通朋友"那么简单，她更清楚长此以往下去，自己会被诱惑。人，都有七情六欲，克制不住地追忆之瘾会让她犯错误，再次投入到前任的怀里，伤害彼此的家庭。

【心理剖析】

"初恋情结"是很多男人共有的心态。多年之后，当自己不再青涩，有了成熟的身心和事业后，男人就想着回头找初恋的女友叙叙旧、谈谈心，把当初未竟的恋爱理想逐一实现。所以才会说"只有你最理解我"，因为初恋情人永远只有一个，那就是你。

女人又何尝不是，明明知道这会是婚姻的强力杀手，可是心底依然忍不住去追忆那些曾经的美好岁月、甜蜜时光。

当前任男友找上门，只言片语就会再次撩拨起女人的少女情怀。她开始左右挣扎，也难以克制重温昔日情人身体和感情的冲动。因为，理智告诉她不该做的，感觉却会牵着她往前走。

男人比女人更加难忘旧情，尤其是那些曾被自己征服过的女人，永远都不会彻底忘怀。当初恋情的无疾而终，让现在的他一而再地想重新回头，为那段不圆满的感情换个新的结局。

暧昧就在前任之间这样蔓延开来，成为现代都市流行病。

【见招拆招】

有统计显示，"前任"是男男女女感情杀手中最重的致命伤。摇摆不定的欲望，会把人伤得体无完肤。

前任说"只有你最理解我"，摆明了是发出的暧昧邀请函，对此，当拒则拒!

拒绝需要勇气，还需要能力，别给自己太多贪心的机会是唯一的办法。除了有意识地克制再爱一次的冲动外，还可以把老公介绍给他，这是暗示他"我不想再跟你有任何单独的联系了",同时也是对老公的承诺,"我和他的事情,你尽管监督。"

我是一个很会生活的男人

【潜台词】这位红颜别再犹豫了，与我交往吧！说不定哪天给你煮一桌子好菜吃。

真不知道这个社会怎么了，也许是温饱思淫乐，也许是压力大了寻求解脱，总之，我包括我的那些女友，都已三十好几的女人，却纷纷遭遇了暧昧。冷静的时候想想，觉得不可思议，没事找事。可是想起那位暧昧的对手，又忍不住心底温暖，春心荡漾。

近来，女友静怡神秘兮兮地向我"报告"，有位客户对她有意思。她做业务见多了各式各样的客户，对她有想法的人不在少数，从没见她动过什么心思。这次是怎么啦，是人家对她有意思，还是她对人家有意思？她笑了："就知道瞒不过你的火眼金睛！"

静怡的客户是个上海人，精明能干，好在静怡在业务上打拼多年，有的是经验和技巧，终于洽谈成功将他拿下。进行第一次交易时，静怡礼貌地请他吃饭，并特意去了上海饭馆。上海人显然很高兴，一边欣赏着店内景色，一边对静怡说："谢谢你，别看我人在商场，我可是个很会生活的人。"

静怡附和道："看得出来您很懂生活。"

上海人很在行地点了几样小菜，不忘向静怡解说，这个菜是什么特色，有什么吃法；哪个菜营养如何，什么时候吃最好，等等。听他说的如此地道，静怡还以为是美食家呢！

之后，静怡与他之间的距离明显缩短，由于他一个人在台湾，静怡时常陪他去逛街，买衣服，添置其他用品。从前，静怡很不习惯中国大陆境内的男人，可是与他交往中有了新发现，这种男人不但为自己考虑周到，还懂得替身边的女人操心。每次外出上海男人都会叮嘱静怡该准备的准备好了没有，有没有遗漏什么东西，有时候还替静怡带些必备品。有次两人一起去外地出差，几天时间里，上海男人把行程安排的稳稳妥妥，中间还抽出时间陪静怡购买当地特产。

现在他们在一起，几乎不聊业务上的事，上海男人说得最多的就是如何热爱生活，追求生活的乐趣。他告诉静怡："赚钱就是为了生活，只知道赚钱的人太庸俗，活一辈子没什么乐趣。现代生活追求高质量，要想活得好就要想得开。"

在他引导下，静怡慢慢放开了自己，她觉得这种观念很正确，人生在世不过几十年，干吗跟自己过不去。于是，她常常主动请上海男人陪自己买东买西，请他参谋自己的衣服是否时尚，梳妆跟不跟跟上潮流？在她眼里上海男人俨然一位生活专家。

当然，静怡也知道他们的交往不太正常，早就超越了普通业务关系，但她无法控制自己，她很想见他。与他一起聊天也好，逛街也好，吃饭也好，总之，在一起的感觉真的很"生活"。

我警告她："上海男人可以一走了之，你怎么办？老公和孩子还要不要？"

静怡说："说什么呢？我们之间又没什么。人家只是会享受生活，又没把我怎么样？"

"你们这叫暧昧，懂吗？暧昧是很害人的。"我心有体会地说。

静怡笑了："不就是暧昧吗？随他去吧！真是的，说不定我老公也有这样的暧昧对象呢！"

这倒有可能。生活，真是让人捉摸不透，这些互相暧昧着的人究竟是对是错？毕竟，婚姻才是生活的主菜，暧昧不过是一点点佐料罢了，女人在暧昧游戏中如果把持不住自己，是不是会铸就大错？

【心理剖析】

"很会生活"其实是说"我可以让你享受到生活乐趣"。不管什么样的男人，当他对女人表白这句话时，证明他在有意识地"勾引"这个女人。

如果说男人是事业的动物，那么女人就是生活的动物，她们更乐于享受生活，分享快乐，而不是一路打拼，伤痕累累。尤其是那些暴走职场、商场、官场的女人，更需要一个温柔的心灵港湾，停泊、歇息、积蓄能量。聪明的男人看懂了女人的心事，所以说"很会生活"，以引起女人的心灵共鸣。

同时，"很会生活"的男人意在表明自己的生活情趣："我可以变花样给你浪漫，可以把我们在一起的时光弄得有声有色，可以为你准备温馨的晚餐，可以……"总之，他想告诉女人的是，你要是与我在一起，你会很快乐，很开心。想想看，哪个女人不喜欢这种男人、这种生活？更何况，现实中太多的女人早已被老公的麻木、冷漠、无视生活所激怒。

实际上，男人的真实面目是：哪怕他真的很会生活，也不是女人想要的生活。

【见招拆招】

"很会生活"是一句非常美妙的谎言，会激发女人心底热爱生活的美好愿望，产生与这个男人一起享受生活的冲动。

但是，男人就是男人，他说的"生活"不是柴米油盐，也不是一日三餐，而是指两性关系，是暧昧的表达。在他眼里"性"才是生活的本质。

不信看看周围的男人，蜜月时会炒一手好菜，变花样讨老婆欢心，可是蜜月一结束，兴趣立刻从厨房转移到了计算机、电视甚至麻将桌。在老婆发牢骚时，他会理直气壮地说："女人不做家务事做什么？"

揭穿男人的谎言，应该学会反击。当他表白自己"很会生活"时，假装恭维："是吗？那你太太可真是有福之人。"或者直接说："这是一种生活态度，但我觉得男人应该把事业放到第一位。"表现出一种无所谓的姿态，不被他的"生活观"牵着走，女人就会立于不败之地。

49

我感觉我们有很多共同的心声

【潜台词】所谓心有灵犀一点通，现在我对你就有这样的感觉哦！你不妨试试，对我是否也有同感？

- -

星期六我请孩子的家庭老师吃饭。她是个 22 岁的年轻女孩，今年就要大学毕业，正在一家商贸公司实习，业余时间做家教。饭桌上，她忽然说："你和老公挺恩爱的，一定经历过海誓山盟的爱情故事。"

我笑着回答："没有，婚姻幸福与爱情的激烈程度无关。"

她不太相信，说只有爱得深切，结婚后感情才会牢固。我说，这话对，但是爱得深切不代表就要寻死觅活。她哈哈大笑。

停了一会，我问她是不是谈恋爱了。

她犹豫一下，没有明确表示。然后就说起他们公司的经理，这位经理三十来岁，很健谈，也乐于助人，对她十分关照。虽然有年龄差距，但他们很聊得来，她有点男孩子个性，什么体育、时事、游戏、电影都能聊。经理很热心，听说她还没有男朋友后，就把公司的未婚男子一个接一个地"安排"给她，有意无意地让他们聚聚，希望能够产生"爱"的火花。可惜事与愿违，也不知为何，几个月下来，没有任何进展，倒是他们的关系越发密切，有空了就在一起吃饭、喝茶，有时甚至还会去逛街。

说到这里，她看着我说："我认为一切正常，不是吗？大学时和男同学也是这么相处的，聊聊天，逛逛街，解除彼此寂寞，给予对方以慰藉，不管怎么说都是好事。用经理的话说，我们这叫有共同的心声，这种朋友不好遇到的。"

我知道她在等待我肯定的答复，但我没有，我说："你们这样做，一定招来很多流言蜚语。你现在很不理解，为什么人们不能容忍你们，是不是？"

她急忙点头，诉说道："是啊！真是让我大惊失色。我与他的关系被认为'不同寻常'，流言四起，我成了绯闻女主角。我很郁闷，心想凭什么栽赃陷害，我们之间是纯粹的友谊！为此我质问过经理：'你说，你对我有没有什么不良居心？'他回答干脆：'没有，绝对没有，我对你说了，只是感觉我们有很多共同的心声，是很好的朋友。'我也是这么认为的。现在，我们的关系只好由公开转入地下，并尽量保持好距离。

可是，我再次发现自己错了。他对我的要求越来越多，不回短信他会着急，几天见不到我就很烦躁。我有意回避他，但他说：'我对你确实没有龌龊的想法，我只是渴望被理解，喜欢与你谈心的感觉，我在我老婆身上找不到这种感觉，再说她也不会干涉我这样做。'这是什么理论？年轻的我实在搞不懂。

接下来的日子里，我一再回避他，可是他更加频繁地找我，与我谈论什么'红颜知己''浪漫主义'。大谈现代人情感压抑很多，生活中可以坦诚相待的人少之又少，认为这是造成离婚率逐年提高的原因，因为没有可以倾诉的对象，人人都在设防。在一个深夜他还发给我一条颇具煽情意味的短信'一个男人，如果生命里有一个刻骨铭心的老婆，又有一个心有灵犀读懂你的女人，夫复何求？'

说实话，他的所作所为的确令我感动，但也有些不知所措。"

她一直说，我静静地听着。其实一开始我就明白了，这个经理跟她玩起了暧昧，虽然他一再表明自己的纯正用心，并希望继续交往下去。但是现实很残酷，陪着一个已婚男人喝茶聊天、逛街吃饭，这样的女孩子最终不外乎把自己发展成为真正的"小三"。这也是男人心底最真实、最原始的渴望。

【心理剖析】

没有一个男人会浪费时间，只是为了对着喜欢的女子倾诉苦衷，而没有非分之想。如果有也是影视剧中的镜头。坐怀不乱之所以流传千古，就因为那是一个奇迹，奇迹不会经常上演。

多少暧昧的情节，都是从"聊天"开始，都源于"理解"二字。生活中缺少坦诚相对的人，倾诉心曲太难，以至于情感压抑，于是乎为了寻求理解而暧昧，这只不过给了自己冠冕堂皇的理由罢了。

一边是老婆，一边是知己，这才是男人真实的渴望。男人都有这样的心理作祟，希望把身边的女人安排不同的角色，希望她们围绕着自己，像一群快乐的小鸟叫个不停。所谓"共同心声"，寻求理解，都源于男人心中不知节制的"贪念"——左手老婆，右手知己，齐人之福，岂不美哉。

试想一下，如果故事中的家庭老师，从正面接受了男人的好感，顺着他的思路走下去，一旦打开感情的闸门，撤离防线，他们之间还能安安稳稳地做一对只谈心不谈性的男女朋友吗？果真如此，倒真是让柳下惠也要汗颜。

【见招拆招】

有人说：与其说男人有一张爱说谎的嘴，倒不如说女人有一双爱听谎言的耳朵。当男人说出自己的真实想法：我想与你做爱时，女人往往会被吓走；可是当男人说：我感觉与你有很多共同心声时，女人会欣然前往。这是颠扑不破的真理，在男人眼里女人只分两种，一种是可以上床的，一种是没有什么瓜葛的。既有感情又不会上床的女人，与其说是知己，倒不如说是累赘。发展感情的终极目的只有一个可以上床。性是男人最好的情感发泄地。

所以，不要天真地以为男女之间存在着单纯的感情，男人如果认为你们之间有共同的心声，那是因为他的内心深处想得到你，仅此而已。

面对男人为你奉献的扑朔迷离的暧昧谎言，理智而坚决的退出是最佳选择。告诉他女人永远只希望自己扮演独一无二的角色，而不是与他人分享男人。

50

我俩的星座很般配

【潜台词】你的个性很适合我，我很喜欢，你是不是也有这样的感觉？如果是我们可是有着彼此吸引的天然能量哦！

依辰和我是多年知心女友，在个人情感问题上向来无话不说。这不，最近她向我倾诉，说自己恐怕是喜欢上了一个不该喜欢的人。这人是她多年前的学长，很喜欢她的文字，曾经假扮编辑给她打过电话。依辰虽然喜欢写文章，却是个情绪不易表达的人，给人的感觉有些闷，因此与这样活泼的牡羊座前辈交往，觉得他很有趣，很开心，彼此之间也就逐渐熟悉。不过，熟悉归熟悉联系并不多，至于感情不好也不坏吧！依辰感觉他还只是比较欣赏自己，就这样已经七八年了。

前段时间，他参加了朋友的婚礼，回来后与依辰网络上聊天，自然而然谈到了现在婚姻与恋爱的诸多问题，从电视相亲、星座配对，到剩男剩女、离婚重婚，等等，谈了很多。说着说着两人开起了玩笑，他对依辰说："我俩的星座很般配，要不也凑一对吧！"虽是玩笑可是不知为何，依辰有些慌乱，接着这个玩笑与他聊了很久。当时，依辰想他一定是喝多了，酒兴之下开玩笑。谁知从此之后他每每与依辰聊天，总说些老婆大人之类的话。

依辰搞不懂他究竟是何态度，又不能直接坦白地问一问，担心这样会伤害了彼此的感情。也许他只是把依辰当做朋友，顺口开句玩笑而已，毕竟只是网络上的一句称谓当不得真。可是不问又很纠结，结果害得自己常常睡不好觉，有意无意就会给他打电话。

周末晚上，依辰与他网络上聊天时，他突然回复了一句："等会儿我打电话给你。"然后就没有动静了。依辰知道这不过是快捷回复的一句常用语，可是还是很高兴。天已经很晚，依辰准备下线睡觉了，他还是没有打来电话。

第二天是周一工作很忙，下班时依辰刚要关闭计算机，就见MSN上亮起他的头像："老婆大人，辛苦了。"除了温馨的"笑脸"外，还送来"鲜花"和"咖啡"。一时间依辰情思飘荡，感觉自己仿佛回到了十八岁初恋的年纪。

可以说，现在的依辰彻底进入到一种梦幻之中，整日思量他对自己到底什么感觉？两人究竟是什么关系？自己有没有爱上他？心思被男人牵着，柔柔的、痒痒的，欲罢不能。

依辰清楚他们之间在年龄、家庭各方面的差距，但还是忍不住地想，他是不是因为流言、责任、距离等原因而顾虑不前？或者他只是把自己当做后辈来关心，当做朋友来欣赏？

【心理剖析】

这个男人明显是在"玩"。他在网络上半真不假地一句"我俩的星座很般配"，给依辰的强烈暗示是：我们个性很适合，这不是我说的，而是上天注定的。想想看哪个女人不为之动心？实际上，他在网络上一定还对很多女人说过同样的话，而且那些女人也都为之心情荡漾过。

星座般配、属相有缘，这些都会打动女人心：既然上天给了这么巧合的安排，为什么不尝试一段美妙的情感？男人的这句话，一方面掩饰自己的真实目的，一方面又达到了鼓励女人将"暧昧"进行到底的目的。既然"般配"就可以"凑对"，然后天天开玩笑说彼此是男女朋友，张口闭口"老婆大人"，时间久了就会让女人产生心理认定，觉得两人在一起自然而然。

【见招拆招】

遇到男人对你说"星座般配"之类的话时，首先要清楚一点：自己是不是玩得起暧昧游戏？如果你不适合做暧昧游戏的女主角，就不要追着男人的"话"去思考，可以坚决地说"我和老公的星座更般配"，或者干脆告诉他"我才不信这一套""你可真会开玩笑"等。男人听了这话，一般都会知难而退，断了"玩"下去的兴趣。当然，有些时候女人可能希望与这个男人交往下去，那么就要清楚另一点：两人的关系里，谁先表白谁先输。这时，可以摆出一副不那么拒绝，又不完全接受的姿态。这样相处一段时间后，如果男人还是没有任何动作，那么，就请赶紧转移下一个目标，他果真是单纯与你开玩笑而已。

我曾经受过很大的伤害

【潜台词】我需要安慰，需要女人的温柔呵护，你就是我梦想中的理想人选，快来帮帮我吧！

多年前，我俩是办公室对桌，面对面坐着，日子久了好像有了某种感应，我不开心了，他总能察觉到，并说些宽慰的话；他遇到麻烦了，我也能第一时间有所反应。这就叫日久生情吗？

我是矜持的，并不喜欢眼前这种状况，对我来说有压力。可是我又无法厌恶对面的男人，相处大半年来，他表现得很绅士，既没有不良言行，也非常尽责，有时候还会帮我处理一些问题。

这没有什么不好，而且我还应该感谢他。我想这么做，却说不出口，因为仔细想想，我竟然不知道从什么时候开始让我们的关系如此暧昧了。

我们几乎同时进入这家公司上班，年龄相仿，很快就混熟了，"口水战"也有，聚会打闹也有。在一起的时候，总是开开心心，感情日渐加深。

有一次，我们一起出去吃饭。他喝了酒，跟我唠唠叨叨说了很多。

听来听去我听懂了一个意思，他的生活不怎么幸福，离过婚，现在的妻子也不理解他，经常吵架。

想象不出他这样稳重的人会有这种遭遇。也许因为有了这次倾诉，日后他开始有意无意透露给我他的不幸故事。他说，他与第一个妻子虽是大学同学，但大学时没有恋爱过，工作之后才在同学安排下有了约会，然后糊里糊涂结了婚。没想到这位看起来文静贤淑的妻子，婚前婚后作风都不检点，与旧情人保持暧昧关系。一气之下两人离了婚。后来，他遇到了现在的妻子，由于有过婚姻，妻子总是抱怨他、嫌弃他，还把持着家里的财政大权，从不给他一分零花钱。这也罢了，妻子对他的家人也百般挑剔，从不容忍，弄得他无法跟家人正常来往。

听他的意思，简直就是生活在水深火热之中。对此，我也劝慰过，女人嘛容易小心眼，你该好好对待人家才行。他说我尽力了，可是没有效果。我说那是你不够用心，你应该怎样怎样。本来是讨论他的家务事，不料我就这么陷进去了。从一开始的同情和可怜，变成了心灵的交流与贴近，我发现他对我越来越迷恋，我呢？很想去抚慰帮助他。

我劝他："你还是多关心关心你妻子吧！不能这么下去。"

他回答："有什么用，她根本看不起我。"

"不会的，她爱你才这么在乎你。"

"这不是在乎，是侮辱。我要的在乎，是像你这样的理解和宽容。"

我不说什么，心里却暖暖的。

他成了我心头无法摆脱的影子，喜怒哀乐，随时出现。

可是我很清楚，我们都有婚姻和孩子，这种关系发展下去注定会很危险。恰在这时，我老公调到了外地工作，我也跟着一起去了。临行前他跟我难舍难分的，多次表白一定会去看我。虽然最终成了一句空话，可是多年来我的心里总有一个细微的牵挂：他，过得还好吗？

【心理剖析】

这是男人为了吸引女人常用的开场白：我很不幸，我的婚姻很不幸福。言下之意，我虽然已婚，可是我还想与你共谱新的恋曲。

一眼就能看出，这是个贪心的男人。厌旧是他喜新的借口。但是内心深处，却觉得新旧同在会更好。

男人在向你表达不幸时，内心想的是如何与你发展恋情，而你想的是如何帮他摆脱痛苦。心态虽然不同，却在你们之间搭建起一座可以沟通的桥梁。

这样的男人说白了是感情的无赖，没什么了不起。他利用的是女人的善良，试图用假象蒙蒙女人，把她变成自己任意摆布的棋子。

他会一直拿孩子做挡箭牌，说为了孩子苦苦支撑婚姻。既推卸责任，又不肯委屈自己，这就是他的真实用意。

【见招拆招】

这是一套烂透了的把戏，但女人还是会上当，会无知地相信下去。所以，面对现实的人生，不能那么善良，永远都不要听信已婚男人哭诉婚姻的悲剧。

当他对你诉说不幸时，不必放在心上，礼貌地表示一下关心，仅此而已不可当真。

切记，对你诉苦的男人，也一定会对着其他女人诉苦。这不是什么新鲜事，学会从他设置的迷魂阵中抽离出来，站在远处去观察，他并非那么痛苦，那么不幸，也没有你想的那么优秀，那么值得爱恋。离开你，他与老婆孩子照样活得有声有色。

52

不知从什么时候开始，我已经习惯了你

【潜台词】我很享受与你在一起的时光，你呢？如果也有同感，那真是太好了，就让我们这样下去吧！

在杂志上看到一篇女孩子的文章，她自称戈雅，叙述了开始工作后遇到的暧昧难题。

戈雅毕业后进入了一家心仪已久的大公司上班，这是令人称羡的好事，她本人也很珍惜这次机会。当然，大公司内部竞争激烈，人际关系复杂，年少的她事事处处都很谨慎，生怕出了什么差错。

不久，戈雅就发现了一位好同事，他是部门经理，三十多岁，长相斯文，举止有礼。他对戈雅表现出了很大的热情，工作和生活上都给予细心关照。戈雅以为这是上司对下属的关心，觉得自己遇到了一位好上司暗自庆幸。

经理总喜欢把手边的工作交给戈雅处理，比如发邮件、打印数据，甚至购买私人物品也要戈雅参与。戈雅跑前跑后，虽然忙碌但很高兴，认为这是上司对自己的赏识。

这天下班，经理开车顺路把戈雅送回了宿舍，还特地买了一大袋水果送给她。出于感激和礼貌，戈雅邀请经理上楼坐坐，经理倒不客气，跟着戈雅上去了。上楼梯的时候，戈雅走在前面，她感觉经理的手碰到了自己的屁股和大腿，她当时以为是错觉，或者是经理不小心，这样儒雅得体的男人，怎么会有如此低级庸俗的举止呢？

戈雅没有太多复杂的想法。之后公司聚餐时，经理和戈雅坐在一起，他总是有意无意地碰触戈雅的身体，戈雅察觉到了但没有反抗。餐后举行舞会，经理邀请戈雅共舞，令她难堪的时刻来临了，经理贴近了她，还附在她的耳边说了好多暧昧的话。戈雅不想听却无法躲避，而且她想这可能是成人逢场作戏的游戏，自己虽然年轻可是已经工作，应该学会适应这些，不能当真过了就算了。

然而出乎戈雅的意料，经理不仅没有就此收手，反而越来越露骨地挑逗她。她工作时，经理会站在她的身后，或者干脆坐在旁边，美其名曰"指导工作"，其实暗里明里少不了动手动脚。戈雅真的很为难，她不想得罪经理，可是又不愿这么下去。她的小心谨慎不知所措反而鼓励了经理，他似乎以为戈雅是接受了自己，所以，他开始与她私下联系，经常打电话跟她说些下流的话，挑逗她、诱惑她。戈雅呢？碍于情面，每次都是敷衍，尽量应付。

经理从来没有跟戈雅提起过家庭的情况，但是戈雅从其他同事那里了解到，他早已结婚，有了女儿，一家人还蛮幸福的。

戈雅实在想不明白，经理究竟想做什么？她很想离开，不想在他底下工作。有一次公司来了新人，她推荐给经理，希望新人能够替换自己的工作。经理听了一本正经地说："不行，不知从什么时候起，我已经习惯你了，你还是留在这里比较好。"

戈雅真的很无言。她的一些好友听了她的心事，反而鼓励她说："现在这个社会，谁还在乎那么多？像你这种情况到处都是，没什么的。你们又没有实质的关系怕什么，说不定还对你的发展有帮助。"戈雅心里认为这种行为不可取，但现实一点，这样做也确实没什么，还能给自己带来切切实实的好处。

拒绝还是接受？继续还是断绝往来？真的让她很头大。

【心理剖析】

男人本质上都是花花公子，最怕没有女人缘。一旦有个女人在身边，还是自己的下属，听从自己的指挥，那就太方便了。就连美国前总统克林顿都不放过下属莱温斯基，我为什么不趁机发展一段办公室恋情呢？

在情感方面，男人永远头脑简单，只求方便，不求其他。所以，女下属最容易成为男上司的暧昧对象，朝夕相处，彼此习惯，提供了绝佳的恋爱机会和场所。

但是，在情爱面前，男人只会看到享受的一面，不会顾忌后果多么严重。他为了性而冲动，以"习惯"为借口要求女人为他付出，却不去想想克林顿如何栽在了莱温斯基的手里。

【见招拆招】

来自上司的暧昧举止总是纠缠不清。这与女人的懦弱有关，她妄想为了工作上的"绿灯"可以"献身献爱"，却想不到这是一场只输不赢的战斗。如果为了短期利益背上"小三"的恶名，伤害会长久持续下去。

　　因此，面对男人的骚扰，女人的态度要强硬些，告诉他："我很生气""我很反感""我会揭发你"，等等。

不赢的战斗。如果为了短期利益背上"小三"的恶名，伤害会长久持续下去。

因此，面对男人的骚扰，女人的态度要强硬些，告诉他："我很生气""我很反感""我会揭发你"，等等。

在这个社会，谁还在乎那么多？像你这种情况到处都是，没什么的。你们又没有实质的关系怕什么，说不定还对你的发展有帮助。"戈雅心里认为这种行为不可取，但现实一点，这样做也确实没什么，还能给自己带来切切实实的好处。

拒绝还是接受？继续还是断绝往来？真的让她很头大。

【心理剖析】

男人本质上都是花花公子，最怕没有女人缘。一旦有个女人在身边，还是自己的下属，听从自己的指挥，那就太方便了。就连美国前总统克林顿都不放过下属莱温斯基，我为什么不趁机发展一段办公室恋情呢？

在情感方面，男人永远头脑简单，只求方便，不求其他。所以，女下属最容易成为男上司的暧昧对象，朝夕相处，彼此习惯，提供了绝佳的恋爱机会和场所。

但是，在情爱面前，男人只会看到享受的一面，不会顾忌后果多么严重。他为了性而冲动，以"习惯"为借口要求女人为他付出，却不去想想克林顿如何栽在了莱温斯基的手里。

【见招拆招】

来自上司的暧昧举止总是纠缠不清。这与女人的懦弱有关，她妄想为了工作上的"绿灯"可以"献身献爱"，却想不到这是一场只输

54

有什么我可以帮忙的，你尽管说

【潜台词】 我想与你亲近，请给个理由和机会好不好？

在我家对面的公寓楼内，住着很多工作不久的男生女生，由于赚钱有限，有些人不得不与他人合租一间房，甚至好几个人合租，听说还有异性合租的情况。据说，异性合租是比较流行的方式，女孩们希望找个男性做室友，一来有了安全感，二来避免女人之间相处难的问题。

想法固然不错，现实却有距离。前天，我路过公寓的时候，忽然看到一个女孩子气呼呼地跑出楼道嘴里说："真是遇见鬼了，他简直就不是个男人！"看她神色举止，一定遇到了特别抓狂的事情。

后来，我去参加论坛里的朋友聚会。到场的朋友有老有少，有男有女倒也热闹。坐在我对面的是一群二十多岁的年轻人，刚刚在这座城市落脚。忽然，我想起公寓前女孩的事情就问他们："你们是不是也住公寓？"几乎所有人都给予肯定的答复，其中几个人还说："我们是合租的。"

说起合租大家立刻找到了共同话题，纷纷诉说着自己的遭遇。一位女孩看起来开朗外向，快人快语，她说："别提合租，我现在正想办法

【心理剖析】

"经历了很多"说明什么？说明他对她有过好感，有过想法，有过爱，但他不够有胆量，不够确定，所以动不动玩"消失"，然后又突然"空降"。他在玩魔术表演，却不知错过了爱情刚刚开始酝酿的魔术时刻。

当然，以"共同经历"唤起女人的认同感，也是男人的花招之一，既有过去必有将来，他在引导女人这么想，希望她会这么去实践。

其实，过去也许曾美好，但未来到底是什么还不确定。

一个"陪"字，映衬出女人曾经的从属地位，并且给女人的暗示是：既然已经付出了那么多，为什么不继续暧昧下去呢？

【见招拆招】

对于一个喜欢玩"消失"的男人，女人没必要太当真。过去的已经过去，美好也罢，伤心也好，不过是一种经历。懂投资的朋友都知道"停损"二字，这在感情上也一样，我们评估一段感情时，看重的是前景，而不是算计曾经浪费了多少光阴。

故事中的男人有些麻烦，前前后后耽误了女主角四年时光，还没明确彼此的关系。这样的男人也许优秀，但不值得女人继续去"猜度"。四年又四年，女人有多少四年时光耽搁得起？

如果真的不舍，倒不如趁机与他摊牌，爱还是不爱？不要被过去牵绊，重要的是你们之间有没有将来？

如果有些犹豫，干脆不再想他，更不要想念那些曾经的过去，找个优质男人重新开始一样多彩多姿。

215

到目前为止，他们的关系仅仅是朋友而已。同事也会直接问黎胜强是不是在追雪梅，他不给予正面答复只是说："她好棒，很多人追她，很难追到。"

黎胜强也曾约会过雪梅，除了与朋友们一起，单独也有过。平心而论，雪梅不反对黎胜强追求自己，无奈他从没有明确表示，总不会自己先提出来吧！

事情一直这样暧昧地发展着，后来黎胜强去了其他公司，与雪梅的联系少了，见面的机会也不多。差不多一年时间，他们彼此没有音讯。

一天，黎胜强突然出现在雪梅面前请她吃饭，随后交往频繁起来，可以说天天见面。就在雪梅以为他会提出恋爱时，黎胜强又突然失踪了，好长时间不见面。过后，他再次突然现身，表现得十分亲密。

就这样，四年时光断断续续过去了。想起这几年来，黎胜强的嘘寒问暖，早接晚送，真是令人感动。可是他为什么没有表白呢？难道仅仅是男士风度？还是自己自作多情？一次，雪梅忍不住问黎胜强："你谈过几次恋爱？"他笑笑说："没有恋爱过。我这样的男人谁看得上，哪有你这般出色，身边不乏追求者。"

雪梅以为他误会自己了就解释说："那些只是普通朋友。"她很想说喜欢黎胜强，却担心他会拒绝自己。

他们的暧昧关系实在纠结，就连身边的朋友都替他们着急，劝他们明明白白恋一场。可是这种话谁先说出口呢？在雪梅印象中，黎胜强有一次喝多了，说了句最煽情的话："你陪我经历了那么多，真的，你是我生命中非常重要的人……"

四年光阴经历是很多，可是这又能说明什么？雪梅费解、苦恼，不知怎么办。

你陪我经历了很多

【潜台词】既然有了开始，你就该继续与我游戏下去。别迟疑，别彷徨，我们已经是一根绳上的蚂蚱了。

四年前，我推荐了一位叫雪梅的女孩到电信公司上班，这家公司与我上班的公司比邻，由于她做业务工作，所以经常到我们公司来。不久，有同事对我说，她与我们公司的黎胜强来往密切。黎胜强也是做业务的，起初两人只是点头之交，后来不知何时互留了电话，从此不时在网络上聊聊天，通通电话，尽管是一些无聊的话题，但还算开心。

六月份的时候，黎胜强邀请雪梅参加自己的生日宴会。席间他趁雪梅出去，追到走廊上告诉她自己已经辞职，准备到电信公司上班，有机会与她做同事了。雪梅表示欢迎，与他并肩走进屋内。结果，其他人看见他们，仿佛有了什么新发现，一哄而起都说黎胜强在追求雪梅。

之后，黎胜强果然到了电信公司的另一家分店上班，虽然与雪梅不在一起，但他几乎每天给她打电话，聊些工作上的话题。有时候雪梅很忙，同事会替她接电话。同事们觉得奇怪偷偷问雪梅："说实话，黎胜强是不是在追你？"雪梅的回答是否定的，因为黎胜强确实没有什么行动，往外搬呢！大家帮忙啊！有合适的房子快介绍一下吧！"另一个女孩问："为什么不住了？"她说："讨厌死了，好色男。"

原来，与她合租的男人，已有了老婆，也可能是女友，反正已经怀孕好几个月。一开始她觉得与他合租不错，既有了安全，又有了聊天的对象。那个男人也很热心，帮她搬东西，替她修理水电，还经常说："有什么我可以帮忙的尽管说。"女孩表示了感谢，与他的交往多了起来。

这下不得了，男人的行为不检点了，不时地跟她说些暧昧的话，做些轻浮的举动。女孩很烦暗示他不要这么做，可是他不退不惧，照样无赖。女孩没有办法只好忍着。

忍让给了男人鼓励，每天早上女孩到厨房，他会跟过去献殷勤，一边搭讪着："做饭啊！有什么可以帮忙的吗？"一边不请自来地帮着切菜端碗。

有时候，他还会故意放一些色情盘片声音很大。女孩十分气愤，只有装作不知道，回到自己房间。

这种情况久了，女孩认为"躲"不是最终的解决途径，所以她很想尽快离开这个好色男。

听了她的故事，我忽然明白早上从公寓里匆匆跑出来的女孩，一定也是遇到了类似的情况，有时候这比遇到鬼还可怕。

【心理剖析】

男人无缘无故对女人说"愿意帮忙"的时候，一定存了私心。他更多的是希望以此为契机与她拉近关系。

男人不愿意直接提出非分要求，而是首先伸出帮忙之手，很明显在展示自己的绅士风度，给女人留下安全放心可以依靠的感觉。当女人信以为真，认为他真是个好男人愿意与他交往时，他就会原形毕露。

真心"帮忙"的男人少之又少，像故事中讲到的合租男，就是"猥琐男"的典型代表。他如果真的喜欢一个女人，绝对不会那么轻佻甚至近乎无耻的挑逗。

其实，同在一个屋檐下，久了男女之间容易产生一种莫名的感觉，男人就会把这当做是暧昧的最好机会。

可是，这种贴身纠缠的男人，一定不会真的爱上这个女人，他只是有着强烈的自私心。要的一定要得到，得到了会坚决扔掉，就是他的真实心态。这种男人不仅无耻，往往也很无能。试想，一个有着上进心的优质男人，每天忙事业哪有时间纠缠女生？

【见招拆招】

男人纠缠不清时，女人最好保持"冰山状态"，不要着急发火，也不要烦躁不安，不喜不忧就是最有力的抗拒。好色之徒最担心的不是女人烦，而是女人对他视若无睹，一旦女人表现出了高兴、生气，或者烦躁，他都会很高兴，因为这说明女人在乎他了，把他当一回事了。任何情绪的变化、言行的交流，他都会当做一种互动，会鼓励他进一步死缠烂打下去。

俗话说"不打不成交"就是这么一个道理，不想被纠缠就要尽量抽身事外。

作为合租的单身女子，抵制男室友纠缠时，不妨多带些朋友来串串门。年轻的单身女子，长得再漂亮些，独来独往，简直要了男室友的命，会让他产生强烈的征服欲。所以，尽量不要让自己太寂寞，不要给男人太多想入非非的感觉。

另外，对于纠缠不休的男室友，如果可能找个新住处也是永久性策略之一。

单身女子切记一点，不要以为自己可以制伏那个无赖男人，你的"好胜心"会激发他的抗争欲望，将两人的关系复杂深入化，事与愿违。因此，在这种关系中，退一步是最省力最有效的自我保护方法。

55

做你的哥哥可以吗

【潜台词】哥哥有情，妹妹有意，有情有义在一起。

高中同学聚会时，周薇薇和她过去的男同学互留了联系方式。周薇薇对我说，当时男女生接触少，他们并不了解甚至说很陌生。现在人到中年再相聚，她忽然发现男同学幽默风趣，原来是个性情中人。男同学呢？也认为周薇薇聪慧、开朗，善解人意。他们很谈得来，常常在网络上聊天。

一开始他们都是理智冷静的，话说得随意但很有分寸，即便是玩笑也不过分，彼此都察觉到了温暖和舒心。在周薇薇心里，他已经超出了普通朋友的界限。

周薇薇不经意地关心他，心疼他。当听说他的状况不怎么好时，想方设法去帮他。男同学一直在家乡工作，自从与他有了联系，周薇薇就特别渴望回家乡去看看。

前些日子周薇薇终于有了机会，她回老家出差时见到了男同学。这段时间，两人几乎天天见面，聊天、游玩、吃饭，相处得融洽而快乐。

可是好日子总是过得太快，转眼周薇薇该回去了，临行前男同学为她送行。酒宴上周薇薇喝多了，心里难受不想离开，结果说出了"我会很想念你"的话。男同学表示感谢，还说多年来一直把她当妹妹看待。

过后，周薇薇有些后悔说出了那些话，毕竟都是已婚的人，说多了是伤害。但是她忍不住去想他这是事实，与他在一起感觉美好也是事实。男同学显然也有同感，时常与她联系，以"小妹"称呼，并表现出强烈的热心肠，嘘寒问暖，好像真是一位大哥哥。

周薇薇已经三十多岁了，可是她对这位"哥哥"的出现，依然如少女般依恋和开心，她想只要他不离开，怎么样都是好的。只是有时候她也会担心，这种关系究竟会持续多久？又会带来什么结果？

其实，像周薇薇这种哥哥妹妹、姐姐弟弟式的暧昧故事时有发生。

美燕未婚，工作体面，收入颇高，有男友，随时都有可能走进婚姻殿堂。本来幸福无限的她，最近却因为一个男人而发愁。这个男人是她同事，比她小五岁，英俊聪明，在公司内人见人爱，赢得了一帮大姐姐们的普遍认可。尤其是美燕，与他特别谈得来。

人前人后，他总是称呼美燕"姐"，美燕顺水推舟喊他"弟"，姐姐弟弟常常一起喝咖啡、购物，更多的是一起谈心，倾诉心中郁闷，寻求解决之道。他们之间虽然不是亲人，却胜似亲人。

美燕的男友也知道她这个"弟弟"，但他比较开明，不予过多干涉，只是叮嘱美燕不要陷得太深。美燕觉得自己很幸运，一方面有个理解自己的男友，一方面有个可以互相倾诉的"蓝颜"，岂不快哉。

表面上，"弟弟"一直恪守身份职责，履行"弟弟"的义务，从没有追求美燕的言词，但行动上他的所作所为，显然超出了一般弟弟的范围。出于女人的敏感，美燕担心他们之间将来会有"故事"发生，所以她总在想，世界上真有"第四类感情"吗？

【心理剖析】

男人以"哥"自居时，至少表明他在有意地保护这个女人，希望获取她的依赖感。"哥哥妹妹"情感上超越了普通朋友，又低于情人，类似"红颜、蓝颜"的感觉。虽然暧昧却没有实质性的身体关系。

从内心来讲，女人是渴望有这么一位"哥哥式"的男人，安全可靠、情深义重。只是女人不容易把持自己的情感，在交往中会不知不觉将这种关系变味，不甘心只做妹妹，那么问题就复杂了。

【见招拆招】

女人可以生活丰富，但不能情史丰富。

平衡哥哥妹妹的关系，就不要对"哥哥"抱有太多想法。必要时冷处理一段时间，过了紧张期再找个理由重新开始。

如果认定了他就是你的知己，留住他最好的办法，就是不要发展成为情人。一对男女做了情人，就永远不会是知己。

至于身边的"弟弟"，如果他是你忠实的粉丝，与你毫无利益地交往，就要求你驾驭好自己的感情，不要轻易碰触所谓的"第四类感情"。即便男友换了一个又一个，他，永远都不会成为替代者。

男性知己可以有，但一定要小心谨慎，既不可以逾越情感界限，又不能把他吓跑。

第六章

口是心非——劈腿时为女人编织的迷人谎言

56

这些话我只能对你说

【潜台词】你好"伟大"你一定会原谅我这么对待你。

曼莎快三十岁了，一直没有结婚。听人说，她虽然未婚但是被人包养了，对方比她大八岁，有权有钱。

与曼莎接触多了，我发现她非常能干朴实，不像好吃懒做、贪图享受的"小三"，倒像是标准的贤妻良母。她是如何走到今天这步的呢？

十年前，曼莎高中毕业没几年，就从嘉义来到台北打工。像多数农家姑娘一样，她先后做了很多工作，餐厅服务员、送羊奶工、清洁工，等等，工作辛苦还赚不到几个钱。为了省钱她常常饿肚子，因为家里还有一个等着花钱读书的弟弟。曼莎的父母身体不好，家里收入少，弟弟的开销全靠她支撑。

有一次，曼莎竟然饿晕在路上，有位开车的男士出手相救，把她送去医院，并帮她做了检查。她很感激，从此与这位男士开始"不了情"。男士叫何冠生，在一家公司工作，已经成家。他听说了曼莎的身世，觉得她很可怜，出于同情心，给她介绍了一份工作。

从此，两人的交往频繁起来，何冠生不仅从经济上帮助她，还从心理上关心抚慰她。

曼莎这样一个年轻单纯的女孩子，身边又没有亲人朋友，自然而然对他的依赖越来越重，不知不觉两人走在了一起，开始同居的日子。何冠生给她租了一间房子，每月给她一定的生活费，并时常到这里过夜。

一开始曼莎没有想很多。可是随着年龄的增长，两人关系由激情到亲热，由亲热到平淡，曼莎也有了自己的想法。有时候她会问："冠生，以后的日子就这么过下去吗？"何冠生回答："那还能怎么样？"

曼莎不说什么，从一开始她就没有逼迫过冠生而是感激他。他对她讲过自己的婚姻，说他与妻子是大学时认识的，毕业不久就结了婚。婚前婚后妻子的反差让他无法接受。婚前妻子温柔娴雅，是个人见人爱的漂亮姑娘，婚后她仿佛变了个人，性情恶劣，懒惰，动不动就生气撒野。两人经常吵架，有时候何冠生急了不愿理她，妻子就哭着求他，他没办法只好认栽。

这些话出自心爱男人的口中曼莎相信，实际上，她对他说的任何话都没有异议。当说起他们不正当关系的时候，何冠生振振有词："你知道吗？我和你在一起才能容忍她，没有你我早就和她离婚了。一个离婚的女人谁要？所以，你不要有什么负担，是你救了她，她应该感谢你。"

他还会说自己这么做，同时也挽救了曼莎家，如果没有他曼莎的弟弟也读不了大学。

对于这些话，曼莎听了总不是滋味，她想我算什么？我以后该怎么办？但她不敢说，也不想说。何冠生说了，这些话他只对她说，从没有对妻子讲过。在她这里他才敢心无忌讳地说说心里话，他对她说过很多，而且总爱强调一点，我只能对你讲，从来没告诉过其他人，包括自己的妻子。

曼莎心想既然如此，如果我也去计较这些，他肯定不对我讲了，也像反感他妻子一样反感我，那我还有什么意义？由于担心所以忍耐，曼莎就这样一天天跟他消耗着青春，真不知道这样的日子什么时候是个尽头。

【心理剖析】

花心男人最冠冕堂皇的借口就是搞婚外情可以使婚姻更和谐。女人听了一点都不理解，如此伤害婚姻，怎么能使婚姻更和谐？男人却说得理直气壮，因为婚外情不仅满足了他的情欲，还满足了他的贪欲。婚外情就像一场惊险刺激的狩猎游戏，既要征服那个婚外女人，还要防备家里的老婆以及社会中人。

花心男人说婚外情是为了婚姻和谐。不过，这一切的先决条件是"处理得好"，是男人必须有能力摆平婚外和婚内的女人，所以他极尽所能讨好两边女人。一面安抚婚外女人"你是唯一的真爱""我只对你说"等等，这些话是麻药麻痹女人，目的只有一个：只要你不要名分，让我说什么都行；一面稳定老婆，尽量不要让她知道婚外情，即便知道了也会说"不过是玩玩罢了"。

【见招拆招】

这个世界上，最不值得信任的就是男人所说的"唯一的爱"。从性别上讲，男人需要不断播种才有收获，靠数量取胜是天性决定，因此他总是不停地找女人，不停地散播情种，这是强大的生殖繁衍功能的表现。

明白了这一道理，女人就要清楚男人的婚外情是怎么回事了：他能脚踏两船就能脚踏三船，可惜老天只给了他两条腿，一下子踏不了那么多船，只有慢慢切换了。所以，"只对你说的话"，如果其他女人也信，也会对她们说。

对这种男人女人没必要客气，哪怕他有恩于你，也要明白恩情不等同于爱情。你们之间也许有爱，但不现实的爱不踏实不长久。曼莎如果用一生回报何冠生，后者求之不得，可是她付出的代价太高不值得。

放弃一段感情很痛苦，但无止境地麻醉自己，躲避现实，也不是长久之计。

女人需要勇气、需要担当、需要自信，不要迷恋那些情话，因为他对你讲的，一定不比对自己老婆讲得更多更隐私。

57

你比她要理解我

【潜台词】我就知道只有你心甘情愿做我的情人，她是做不到的。

吴玉婷和我是好友，认识多年了，从她恋爱时起，我就知道她遇到了一个多情种子。可怜的吴玉婷传统又老实，只能任他欺负。

两人经历了长达六年的恋爱，从一无所有到生活无忧，既有甜蜜也有吵闹，这本是寻常事。可是吴玉婷的男友不这么想，每每与吴玉婷吵架了，就跑到外面寻找安慰。吴玉婷呢？一直认为自己爱男友，他也爱自己，所以不但不怨恨他，反而觉得他出去找慰藉，是自己做得不够好。

天底下哪有这样的傻女人？

两年前，他们终于结婚了。吴玉婷想，多年苦熬修成正果不容易，一定要好好过日子。她是这么想，她老公却恶习不改。婚后，他们之间的感情趋于平淡，用老公的话说，没有了爱的感觉，也没有了共同语言。他开始经常不回家，对吴玉婷不闻不问。

直到有一天，有个年轻女孩找到了吴玉婷，对她说："我和你老公恋爱很久了，他喜欢我，他说我比你更理解他。"

吴玉婷傻住了，与老公又吵又闹，然后冷战提出离婚。老公不同意，他还保证以后再也不会拈花惹草，让吴玉婷相信自己。吴玉婷妥协了，不过这次打击对她影响还是很大，她不再像从前那样信任老公，变得疑神疑鬼，经常检查他的手机，查看他的日程，回来晚了会盘问。

当然，没有哪个男人喜欢这种日子，吴玉婷的老公烦了，干脆不理她。结果吴玉婷更觉得他心里有鬼，一来二去，他们除了争吵就是冷战，过得很不舒心。

尽管如此，吴玉婷还是慢慢淡忘了老公出轨的事实，希望一切从头再来。可是老公会给她机会吗？没过几个月，吴玉婷听说老公又有了新欢。

吴玉婷的老公十分在意这位新欢，对她说："你给了我想要的爱、关心和理解，我在老婆那里得不到的只有你能给我。"

吴玉婷听说后，大怒道："那你当初为何和我结婚？你出轨我不该管吗？"

老公说："你现在不理解我了，我只能去找理解我、爱我的人。这是对我心里的一点安慰，懂吗？"吴玉婷无言，后悔，甚至想到是自己做得不好他才出去鬼混。

老公一边爱恋着新欢，一边继续着婚姻，他对吴玉婷说："我不是想与你离婚，可是我也不能立刻与她断绝来往，我不想伤害她。在我痛苦时她陪我、安慰我，我要离开她也只能慢慢来，一点点冷落她，疏远她。"这样的话吴玉婷还能相信吗？谁知道他在新欢那里是如何表白的？

一点不假，她的老公在新欢那里从没有提过分手的话，而是非常迷恋与珍惜，一再强调她的爱和理解，表示自己爱的人只有她，与妻子之间早已没了爱情。

【心理剖析】

"理解"是男人常常采用的婚外情借口之一。这样的借口给了他充足的理由。不是吗？与不理解自己的女人在一起，多么痛苦，多么值得同情。那么另外寻找理解自己的女人，就成了理所当然的事。话是这么说的，事情却不见得真是这样。与一个女人结婚生子，一起过了好多年，忽然间"不理解"了，不是很可笑吗？

其实，男人对女人说"理解"不是普通意义上的互相了解与尊重，也指性的沟通与和谐。当他对情人说"你更理解我"时，一定在强调他们之间的感觉更好更妙。

也就是说，男人嘴里的"理解"，不是理性的而是感性的。这句话给婚内婚外的女人带来了极大的杀伤力，老婆会觉得自己做得不好，有了内疚感；情人会想我在他心目中真的很有地位，他一定会更爱我。同时，情人还会想到，为了长久的爱，不能做出不理智的举动，既然理解他就该包容他。

一下子男人的目的达到了，"理解"成了女人头上的紧箍咒，稍有差池，男人就说你"不理解"他，这会让你提心吊胆：他会不会去寻找新的"理解"？

事实正是这样，男人的"理解"是不长久的，他现在需要你的理解，不代表日后也需要。一般情况是，他一直在寻找"理解"的路上不停奔波，奔波……

【见招拆招】

很明显这种男人自以为聪明，能掌握得住女人，因此不太好管。

在他眼里的爱自私而且霸道，不会为了哪个女人而牺牲自己，他的爱情词典里没有"责任"二字。他说的理解就是让自己过得更好更舒服。

对女人而言，这种男人是不是爱你不重要，重要的是他的爱能不能给你带来快乐。虽然一再标榜"理解"，可是他不会给任何女人带来快乐。这种男人爱不如不爱。

他不是情圣只是花心，他从不约束自己，任由时间消耗自己对每个女人的兴趣。兴趣没了你们也就分了。

对付这种说"理解"的男人，婚外情人不可一味相信而且痴迷，告诉他："我理解你，但你理解我吗？我想现在与你结婚，做得到吗？"估计他立刻就会逃走，甚至对你嗤之以鼻："这种不要脸的女人，也想要婚姻！"当然，这句话不一定说出口。他如果没有对你失去兴趣，还会继续骗你："等我好啦，你最理解我，不要逼我。"

其实，任何婚外情都是看着诱人，吃着可口，却没有任何营养价值。

58

如果你离婚，我会和你在一起

【潜台词】我是说你最好不要离婚，离婚了我也只能像现在一样，还是不能要你。

在情感方面，任何人都有可能犯下低级错误，其实也不能说是"错"，更准确一点应该是为情受伤。这一点伤如果处理不好，很可能感染化脓，直至影响到生命安全。同事瑞瑞的"情伤"目前就有些严重，对她来讲，不亚于灭顶之灾。

瑞瑞本来有一个幸福的家庭，老公能干，孩子懂事，和乐融融。可是她不知为何与一个有妇之夫发生了婚外情，用她自己的话说，真是糊里糊涂上了贼船。要说糊里糊涂是她不够理智，但可以想象在情感方面她一定是受了诱惑的，情不自禁的，或者她为了性而动了情。总之，她跟那个男人好了，而且东窗事发被自己的老公发现，提出离婚。

瑞瑞一直很欣赏自己的老公，也从没有想到会与他离婚，但老公很坚决，无法忍受妻子的背叛。现在，瑞瑞即将失去老公，自然对那个情夫更加依赖。当初，两人少不了甜言蜜语，也有过对未来的展望，那时他曾经说过如果瑞瑞离婚了，就会和她在一起。

　　这句话成了瑞瑞的救命稻草。既然老公已经铁了心离婚，也只能如此了。好在还有个情夫垫背，虽然他比不上老公优秀，但自己离婚了，再嫁也不至于太失败。

　　瑞瑞是这么打算的，尽管与老公离婚让她心生悔恨，但她没有绝望，她一直等着情夫的好消息。

　　瑞瑞了解自己的情夫，他之所以与瑞瑞来往，很大原因是由于与妻子两地分居，为了排遣寂寞寻找情人。当他听说瑞瑞离婚的消息时，一方面要求瑞瑞完全信任他，一方面又说不能立刻拆散自己的家庭。

　　瑞瑞只能干等，等得久了不免心生怨言。情夫倒是很会说话："这种事急不得，急了会出事。"

　　能出什么事？瑞瑞听说，他妻子为了挽救他们的婚姻已经回到他身边，结束了两地分居的生活。这样下去是什么结果？大概是他们夫妻会逐步和谐，瑞瑞只是彻头彻尾的局外人。

　　不是吗？瑞瑞与他十天半月见不上一面，而他与妻子朝夕相处，过着名副其实的夫妻生活，这一切与瑞瑞又有什么关系？

　　时光荏苒，瑞瑞离婚接近一年了，情夫还是周旋于她和妻子之间，没有任何选择。瑞瑞逼他急了就是一句话：目前只能维持原状，不能莽撞。瑞瑞听了这样的言词，后悔到肠子都青了，自己为之离婚的男人，竟是这么软弱的人，既要爱情又怕坏了名声，真是窝囊到家，不值得，太不值得了。她很想退出，不再继续这场毫无意义的三角游戏，可是她又觉得太"亏"。为了他婚也离了，家也散了，难道就这么不了了之，任他逍遥自在？

　　不退出就只有等，可是瑞瑞看看镜子里的自己，容颜很快就会老去，究竟要等到什么时候？而且他明显已有了动摇，自己对他的爱也不是无怨无悔，这样纠缠下去如何了结？

放弃也难继续也难，两难之间的瑞瑞最痛恨的还是他那句承诺：你离婚了，我会和你在一起。

【 心理剖析 】

男人的心思太多太复杂，一面欲望太多，渴望成为《鹿鼎记》中的韦小宝，有好多老婆围在身边；一面还想做护花使者，为身边所有女人遮风挡雨。另外，他也想树立好男人形象，通过稳定的婚姻获取社会地位。

这就是男人。

所以，说了不算，算了不说，皆因欲望太多太强，超越了他的能力范围。

情浓时他会一而再地发誓：娶你娶你。这也许是他的心里话，但绝不是他肯付诸实践的心里话。如果你离婚了，如果我没有老婆，如果……太多的如果，限制了太多条件。

其实，女人离不离婚都可以在一起，没有离婚的女人，反而多了偷情的刺激。离婚后的女人，多了自由不一定多了感情，对他来说，两人的关系和从前一样。甚至让他觉得这个女人太绝情，可以离开前夫，如果娶了她不也可以弃我不顾吗？

所以，男人劝女人离婚，为的是方便自己。方便自己有了两个可以自由交往的女人。

至于离了再娶这种伤筋动骨的傻事，男人不会做。一离一娶还是一个女人，却麻烦多多，谁肯做呢？

【见招拆招】

女人的爱，总是比男人更浪漫，比男人更受伤。

男人的爱即使再深，也比不过他对自己的体贴。如果他真的为你抛下了一切，只为你而活，那跟着他算是一种报答，也是一种信任；如果他迟迟不肯行动就算了吧！他也不过是你人生的一个过客，越早结束越好。

可见，在婚外情的游戏中，学会保存实力是女人提高幸福指数的一个筹码。

59

我们不是情人关系

【潜台词】我们是纯粹的爱情关系，勇敢点继续做我的情人吧！

　　刚刚大学毕业的佳贝对我说，她被同一个男人骗了两次。这段糟糕的感情起始于四年前。佳贝和这个男人是高中同学，在毕业晚会上，他们发觉彼此竟然那么投缘，于是一发不可收拾确定了恋爱关系。

　　很快两人各自考取了大学。不多久，佳贝听从家里的安排到国外读书，自此电话、网络成了他们的联络员，每天发短信、打电话、网络聊天是必修课。这种思念的情绪持续了不久，佳贝发现男友变了，关心少了，后来一打听，男友瞒着自己跟其他女生开始交往。

　　佳贝十分气愤，加上距离遥远，逐渐断绝了与他来往。

　　四年后，佳贝大学毕业回国工作，很快前男友听说了她的消息，与她取得了联系。这出乎佳贝的想象，她觉得措手不及。前男友还是那么能言善道，而且似乎更懂女人心了。他晚上十二点多了给佳贝打电话，用四年前的亲昵称呼说："贝贝，我还是那么喜欢你，真的，这次见到你，我才发现原来我是爱你的。我一直想跟你说对不起，可是我一直不敢，现在我正式向你道歉，乞求你的原谅。"他一连几个晚上都打来电话，每次都聊三四个小时，凌晨三点了才说："要不是担心你明天上班，我会一直跟你说下去的。"

女孩都是喜欢甜言蜜语的，佳贝也不例外。在这些爆炸式的煽情言语下，她情不自禁地说："我原谅你，原谅你了。"

男友不失时机地表示："贝贝，等我，我会天天给你电话的。"

就这样这对分手的恋人又开始交往了。佳贝追忆四年时光，想到为了忘记他而拼命读书的经历，想不到如今他又回头，是苦是甜，百感交集。

当然，如今的好不同以往，佳贝问他是不是单身，他含糊其辞："我早晚会和她分手的。"当初那个插足他们感情的女孩，现在还在他身边，但他表示一个月后会和她分开。他还说目前女友的家庭条件太差，钱不钱他不在乎，但是不同的家庭背景养成了不同的生活观念，所以他们现在分歧很大，根本谈不来，还是佳贝最懂他。

佳贝能相信吗？她迟疑，她伤心，更觉得自己的介入是一种莫大的讽刺。所以，她还是尽量与他保持距离，不想把他们的事情暴露于大众面前，就是说她为自己留了退路。

一天，佳贝参加同学聚会，原以为他不去的但他去了，还当着同学们的面与佳贝亲热，表示出不同一般的关系。佳贝十分难堪设法躲避他，但他不放过佳贝，拉着她的胳膊说："我们不是情人关系，你怕什么？"

听他的意思，佳贝是他的正牌女友，而不是第三者。

这次事件给了佳贝勇气和信心，她盼望着尽快与他真正在一起。

但是，事情没有按照佳贝的意愿发展下去，不久她听说他要结婚了，新娘不是自己。佳贝彻底发狂，可是他根本不见她。从他的网络相簿里，佳贝看到了他的结婚照，可是自己算什么？佳贝怎么也不相信自己被同一个男人骗了两次，而且骗的这么干净利落。

【心理剖析】

情场老手最懂得心理学，他知道哪怕是谎言，只要能让女人心动，她就会愿意相信。所以，取悦女人就成了男人的必修课。并非有那么多爱值得分享，而是男人特别害怕寂寞，耐不住寂寞时，他一定会找新人来补旧人的位。

这是男人的硬伤，但他乐此不疲。

最高明的谎言一定是虚虚实实，难分真假，让女人欲罢不能，难舍难离。

对情人男人表现得一定像夫妻，给女人强烈的暗示：看见了吧！我可是把你当老婆对待的。一来减轻女人的心理负担，死心塌地跟着自己；二来证明自己的爱很真很切，他们的关系可以长久下去。

其实，男人说的与想的相去甚远，他说"我们不是情人关系"，心里想的是如何维持好这段情人关系。在他心里一定把老婆和情人分得清清楚楚，哪怕老婆再蹩脚，情人再出色，她们也不是同一级的人物。至少在他心里，老婆就是老婆，情人只能是情人。适合恋爱的不一定适合放在家里。

【见招拆招】

还是那句话一个"小三"再出色，与正室也是无法比的。即便你在男人心中的地位再高，前面始终挡着"正室"这座高山，想翻越很难。

回到故事中，佳贝的前男友出尔反尔，明显对她不够尊重。这样的男人可能优秀，但不会给女人幸福。

前男友也许把佳贝当做了理想的婚姻对象，因为条件适合还有旧情，但这不代表他一定会娶她。一个优越感十足的男人，需要的只是多一个女人牵挂他，这种感觉很好。

这样看来已经受过两次伤的佳贝，当真没必要受第三次伤。

纵然他哄你推崇你，但这与以前的伤害相比，很虚伪不切实际。受过"小三"的伤，再回头做小三的"小三"，太低贱不值得。

戳穿他的谎言，告诉他："现在与你交往就是情人，明白吗？我们之间已经无法回到从前了。"事实就是事实，天大地大，不要被这个男人耍着玩了。

60

现在我和你最有默契了

【潜台词】现在你最适合做我的情人。

晚上看电视，一个爱情剧正在热播，讲述女大学生与白马王子的恋爱故事。女大学生涉世未深，甚至是第一次恋爱，白马王子英俊潇洒，对她体贴关心，浪漫有加。每天都送上一朵玫瑰，到了周末请她吃饭，假期带她旅游。这还不算什么，白马王子还给她准备了漂亮的公寓，陪她挑选名贵的服饰，让她过着无忧无虑的生活。

一切看起来都是那么美好，那么令人向往，幸运女神似乎特别关照这位女大学生。一次她病了，白马王子正在外地出差，听说后扔下手头的工作，当即搭机返回，守护在她身边，日夜照料，呵护备至。其他病友见此，无不夸奖："你有这样的男友，真是有福啊！"女大学生也觉得自己很有福，依偎在他怀里，病情很快好转。

没有人怀疑白马王子对她的爱，她的好友们无不羡慕与嫉妒："你上辈子怎么修行得这么好，遇上了绝种好男人，我们可怎么办！打死也找不到这么好的啦！"

女大学生沉浸在爱河中，幸福而甜蜜。直到有一天，她在游乐场意外看到自己的白马王子，一手牵着端庄秀丽的女人，一手牵着可爱漂亮的女孩子，她们是他的妻子和女儿。

真相大白女大学生决定与他分道扬镳。白马王子赶来了，哭诉、哀求、忏悔，说尽了好言好语，表尽了爱意温情。她心软了，毕竟是两年感情，怎能说断就断。她仍然觉得他是好男人，他说："和你在一起最有默契了，所以我早就想到了，你一定会理解我、原谅我、了解我的苦衷。"他说与妻子之间的不和谐，妻子人很好，也很受尊重，可以说没有什么不满意的，但总觉得少了某些东西，激情、默契还有感觉。比如性生活方面，妻子就不如女大学生更有感觉、更搭调。

女大学生抱定了与他继续下去的决心。她家里人可不愿意，轮番劝告，警告她不要执迷不悟，劝她回头是岸。可是她听不进去，白马王子在她心里生了根，发了芽。她固执地相信他们之间有真爱，因为他说过："对妻子只是责任，对你才是爱情。"有什么比爱情更珍贵？有什么能超越他们的默契？

【心理剖析】

扮演"好男人"的男人，在谎言揭穿后继续撒谎"我和你最有默契了"，目的是强调自己的爱，否定曾经的婚姻。如果说他对老婆只是责任，那么责任基于什么？结婚的基础是彼此的感情，把责任从爱情中抽离，这种男人没有资格谈论爱。

对他来说爱是占有，所以他会像呵护宠物一样对待女人。他来求女人软硬兼施，是因为他知道女人吃这一套。

小有成就的已婚男人最懂女人心。披着"爱情"的外衣丰富着自己的情感世界，在"性游戏"中乐此不疲。

【见招拆招】

谎言被戳穿还要跟那个男人继续下去，女人真是昏了头。

其实，这种女人本质上缺乏独立自主的能力。

女人需要宠爱，但不需要像宠物一样的爱。这种爱说白了只是占有，是私心。在男人心中你只是一个玩物而已。

摆脱这种境地需要很大的决心和勇气，更需要完全独立的个性和能力。看清男人的本质，没必要为了他的私心而奉献爱心。他成熟、他老练、他有风度，但他不是你的白马王子。

走出这段迷情，告诉那个男人"我会找到比你更有默契的人选"，然后义无反顾地开始新生活。

我不会影响到你的家庭

【潜台词】拜托，请扮演好情人的角色，千万不要妄想破坏我的家庭哦！

志超是个花心大萝卜，风流潇洒，处处留情。由于工作关系，他常常在各个城市间飞来飞去，于是每到一处很快就会建立起"根据地"。他从不隐瞒自己有婚姻的事实，还会对那些已婚的女人说："我不会影响你的家庭。"为了避免麻烦，他特意挑选一些"高智商"的女人搞婚外情，用他的话说，那种一不留神就让老公发现与他人有染的女人，不配与他恋爱。

可是，不是每个女人都这么听话，每一次外遇都这么顺手。有一次，他在外地泡了一个少妇，两人的感情迅速升温，最后竟找上家门，与他老婆当面摊牌。

志超很坚决地向老婆认错，保证断掉这段婚外情。

少妇十分伤心，不肯接受他的要求。但事先志超已经说了："我爱你，不一定就要永远与你在一起。爱情是神圣的，婚姻是世俗的，我不想破坏你的家庭。"

最终，少妇抱着感激他的心理伤心离去。

志超呢？对老婆更加体贴温柔。多年来，他一直尊崇自己的老婆，每年带她去国外旅游，有了什么荣誉都是把她摆在第一位。志超很会赚钱，老婆不必为生活操心，而且他也真心待她、感激她。

这位老兄像多数男人一样，喜欢吹牛，尤其喜欢吹嘘自己的情史和性史。这不免会惹怒女性朋友，哪怕这些女性与他没有什么瓜葛。

那天，我们在一起吃饭时，不知怎么就谈到了志超的问题。有位年轻率直的女孩毫不客气地说："你在外边乱搞，就不怕老婆也出轨吗？"

志超说："不会。"

女孩嗤之以鼻："跟你泡的女人都瞒着自己的丈夫，你老婆就不会啊？"

他很镇静地说："我做了安排的，她身边没有我不信任的男人；再有，她清楚出轨的风险，不会冒险做这种得不偿失的事。"

女孩反唇相讥："看来跟你的那些女人都没脑子！"

志超听了这话不以为然："她们不同，老公没给她们什么，再不给她们自由，还不早就离婚了。我给她们快乐和激情，甚至有物质补偿，让她们更安心跟老公过日子，有什么不好？"

话说到这个份上，真是让女人们气闷，面对这样一个标准花心男，可耻可恨！

一位姐姐实在听不下去了，打断志超的话："你自己也有女儿的，做人做事应该适可而止。要是她嫁给你这样的男人，怎么办？"

他不假思索地回答："我女儿才不会这么嫁。"

"为什么不会？万一她嫁错了呢？"在场的女人几乎异口同声地责问。

志超还是没有什么担心的样子，说道："那也没什么，我不担心的。"

众人讶然，他说："她从来不喜欢对她不好的人，她不会受伤害。"

明白了，志超是摸准了有些女人的脉：明明男人在欺骗自己，给自己带来麻烦，还是固执地迷信爱情，认为他就是那个有情有义的白马王子。

【心理剖析】

有这么一类男人，专门泡良家少妇，不求真情但求欢愉。因为这样的情爱成本低、风险低，一旦不喜欢了，还给人家老公了事，多简单。

在这类男人的眼里，出轨纯粹是玩刺激，与日常生活毫无关系。

就像是泡温泉，泡泡则已，不能泡在里面过日子。

所以，他从一开始就对女人表明：不想影响她的家庭，言下之意，你也不要影响到我的家庭。

看似关心体贴的言语，却藏着深深的龌龊。碰上这类男人，女人只有自认倒霉，别说真情，恐怕还抵不上普通朋友的情谊。

【见招拆招】

一个泡良男屡屡成功的秘诀在于，那个良家少妇总是执迷不悟。这也是他喜欢泡良的原因，之所以是良家少妇，不仅因为她们心善，还有保守、温柔、不敢大吵大闹等性情。一切的一切决定了她们明知男人在骗自己，还是不忍揭穿他的真面目，不敢把事情闹大，只是一味忍耐，但求伤害不要太大。

　　可是，女人的忍耐只会纵容男人无休止地伤害，不会唤起他丝毫的良知。

　　女人大可不必如此懦弱。当你感觉一个男人对自己不好，让你不爽时走开好了。

我和你的距离比她还要近

【潜台词】这个世界上只有你肯这么迁就我、容忍我，其他女人恐怕做不到。

二十多岁的黄丽敏谈恋爱一年多了，才知道对方是个有妇之夫。没想到自己也会成为"小三"，黄丽敏有苦难言。她是个外表时尚但内心保守的女人，这种事发生在她身上真是差点要了她的命。

黄丽敏本想一走了之，可是对方的情况让她犹豫不决。男人有过婚姻，但现在已经与老婆分居，他们分居的原因主要是他老婆不想生孩子。如今他们的离婚协议都商量好了，他老婆也知道他在找女朋友，只不过没有办理手续。

这种男人是否值得留恋呢？黄丽敏怪他没有提前告诉自己还有婚姻的事实，讽刺他说："你这么做是想给自己留条后路吧！要是找不到合适的女人就回到老婆身边，对吗？"

男人一口否定说："不会，我和她已经没有可能了，没有你我也会找其他人。"

既然如此黄丽敏也不想不堪地退出，就提出让他尽快离婚的要求，他答应了但是需要时间。因为他老婆和他合开公司，涉及财产分割。再有他老婆婚前买了几间房子，而他一无所有，离婚几乎是净身出户。

尽管男人一再强调，如今他和黄丽敏是最亲近的关系，与老婆早已没有什么来往，但黄丽敏还是感觉别扭。后来，男人提出了两个方案，要嘛么他离婚，和黄丽敏结婚；要么他不离，与黄丽敏就这么过下去。前者给了黄丽敏名分，可是经济上受损失；后者无名有份，但能保住财产收入。

黄丽敏拒绝了看似"有好处"的后者，她曾经那么鄙视第三者，否定这种女人，如今自己却不知不觉沦落到这个地步怎能甘心。

在黄丽敏和其他人多方劝说下，男人许诺按照第一方案进行离婚再娶。

这本来是积极的承诺，黄丽敏也打算委曲求全。可是事实没有这么简单，在相处的时日里，黄丽敏发现男人从没有带自己回他家，在亲人去世时也没有让她参加。最让她受不了的是，由于合开公司，男人经常和他老婆见面，商谈业务等，不知情的人还一直把他们当夫妻看待。这是多么滑稽的事。

黄丽敏很想买间属于自己的房子，男人计划着却久久不见动静。这时黄丽敏怀孕了，她倔强地一个人堕了胎，这下可惹恼了男人，好多天不理她。

虽然最终两人和解了，黄丽敏也表示明年要孩子，可是接下来一年时间会发生什么，黄丽敏心中也拿不准。说得直接一些，这一年时间既是留给他的，也是留给自己的。一个离婚没钱的老男人，究竟值不值得继续付出？

【 心理剖析 】

男人有时候表现得很无耻，他口口声声说自己的婚姻濒临破裂，但依然不会放弃老婆为他准备的一顿可口晚餐，更不会错过与情人的每一次性爱。对他而言鱼与熊掌兼得，才是上上之策。

通常，男人越老练在感情上就会越无耻。一个情感丰富的中年男人，真的充满了诱惑，他有事业，懂得如何关心和爱护女人，也知道如何掳获女人心。

所以，才有了数不清的"大叔控"，越萌的女人越喜欢大叔，迷恋、爱慕，甚至生死相许。

"大叔"真的如此之好吗？透过现象看本质，大叔的爱其实没有想的那么好，人到中年真爱和纯粹成了最稀罕的东西，他只想着不费力气地享用女人的身体，炫耀自我实力。

【 见招拆招 】

自私一点说，爱上一个大叔没什么，即便没有爱的回报，还可获得物质享受。问题是当考虑与这个大叔的婚姻时就复杂了，十年后，你是三十岁少妇，他已经迈过人生五十岁的门槛，你们之间的悬殊，不是一两句话就能说清的。就故事中的人物而言，那个中年男人没钱又没房，还有说不清道不明的婚姻事实。这些都是婚姻的致命伤。

女人不可太现实，但千万不能不现实。你们之间的感情，拖得越久对彼此的伤害越大。二十岁的女生耽误不起，四十岁的男人更耽误不起。

金钱打不败爱情，但为了金钱而有所顾忌时，爱情终归会被现实打败。

　　女人总怕自己嫁亏了，既然现在已经这么想了，不如快刀斩乱麻。因为即便你们结婚，在日后的生活中，你也会不停比较，觉得"吃亏"，进而让两人苦不堪言。

63

和你在一起很舒心

【潜台词】我只是想在你这里放松一下而已。

雯雯是个年轻快乐的女孩，满脑子精灵古怪的主意，在朋友圈里人缘极佳。她从事销售工作，为了业绩不得不与各色人物打交道，但她一直注意把握分寸，从没有让那些想法不正的人沾到光。俗话说，常在河边走，哪有不湿鞋，即便如此洁身自好，雯雯还是遇到了麻烦。前些日子，她与一家公司联系业务时，结交了行政部门的经理何宇青。何宇青三十岁左右，人很稳重，也很帅气。这样的年龄和事业，照理说应该意气风发，前途无量。可是给雯雯的感觉，他有些郁郁寡欢。为了拉拢感情，雯雯特意邀请了几个朋友陪何宇青打牌，玩到凌晨五点才住手。

第二天，雯雯给何宇青发了几条短信，当然没有什么具体的文字内容，都是些可爱的卡通图片。何宇青看着看着，忍不住笑出声来，接下来一整天都很开心。

就这样他们的交往顺理成章地热络起来。何宇青很喜欢和雯雯在一起，喜欢她的活泼、鬼灵精怪，就是一个快乐的泉源。

在交往中，雯雯了解到何宇青的一些状况，他虽然结婚六年了，可是一直没有孩子。他的妻子患有忧郁症，这是结婚前妻子告诉他的。几年来，妻子一直靠药物治疗，因此不能生孩子，必须等到停了药，才可以考虑生育。一开始何宇青认为等几年没关系，可是没想到一等就是六年。好在他与妻子的关系不错，尽量不去触及"要孩子"这个话题。尽管如此，何宇青心里还是别扭，特别是过了30岁后，工作累了回到家真想听到孩子的欢声笑语。现在的家里，不仅没有这些，还充满了郁闷、小心、不自在。妻子生性敏感，每每察觉到何宇青情绪不高，她立即联想到孩子的问题，笑脸少了，病情重了。

这还不算，来自何宇青父母的压力，给他们夫妇更沉重的包袱。父母想抱孙子，得知儿媳妇这种情况，天天拉着脸不高兴。结果，妻子执意不肯与父母同住，何宇青又不能强迫，只好夹在他们之间受气。雯雯出现在何宇青身边时，恰好妻子去国外治疗，给了他片刻喘息的时间。他感受着来自雯雯的轻松快乐，一下子有种如释重负的畅快。何宇青对雯雯坦白："和你在一起很舒心。"雯雯默默地听着一言不发。这些年来，她还从没听过一个男人诉说心事。

【心理剖析】

鞋子合不合适，只有脚知道。这是说婚姻中的男女关系到底怎样，外人不可妄加评论。偏偏就有一些男人抓住了女性的好奇心理，喜欢对她们吐苦水，诉说婚姻的不幸。目的不外乎勾起女人的怜爱心、慈母心，来关心呵护自己，甘心做他的情人。

不幸的家庭各有各的不幸，没有跌跌撞撞的婚姻是不存在。

按照这种男人的逻辑推理，任何婚姻都有出轨的理由，不管老婆多么好，总有不称心的地方，找个别的女人寻求慰藉没什么不好。

其实，男人不会幼稚到随随便便离婚，而婚外那个女人下意识里总会闪现与他结婚的念头，这就是一切矛盾和痛苦的源头。

【见招拆招】

被已婚男人盯上，女人既兴奋又恐惧。兴奋的是自己这么有魅力，吸引了一个有女人的男人，会想到"至少我比他老婆要好"；恐惧的是这个男人会给自己带来麻烦，甚至影响到日后生活。且惊且喜，不知所措。

其实，女人完全不必为他如此费神费心。他的快乐和痛苦是他和自己老婆之间的事，没有你也是如此，何必把自己陷进去呢？说到底你不过是局外人，没有参与的必要。

"和你在一起很舒心"不代表你一定要和他在一起，他舒心了，你呢？为了个人的舒心而搞婚外情，说白了是在逃避，今天他逃避自己的老婆，明天就有可能逃避你。

不要被虚荣心蒙蔽，不要把自己当成救世主，如果其他男人也对你诉说这些话，你要怎么办？总不至于也成为他的情人吧！

64

你是我老婆就好了

【潜台词】我是说你还真不能成为我老婆。

公司创业的时候，西西被分派到公司经理李家明手下工作。李家明年已不惑，担任主管职务，事业有成，春风得意。西西是个 30 岁的少妇，对这样干练有才能的主管心生仰慕，处处看好，李家明举手投足，都给她留下深刻印象。西西极力配合李家明的工作，从细枝末节到整体大局都付出了很多心血。

李家明看在眼里喜在心上，对她格外关照与呵护。不久，两人由同事发展成了情人，背着各自的家庭偷偷交往。绯闻从来都是长了翅膀的鸟儿，无处不飞，很快他们的事情就被传得沸沸扬扬，成了人们茶余饭后的话题。

到了这个地步，西西觉得无脸见人，想起与李家明在欢爱时常说的一句话，你要是我老婆该多好，便打算离婚再嫁。李家明立刻表示反对，他说："我是不在乎，可是你的孩子怎么办？伤害了孩子，那我就太对不起你了。"

说到孩子，西西也心软了。女儿才五岁，怎能忍心让她难过。

按照李家明的意思，他们的婚外情逐渐冷却，可是西西很不甘心，为什么他那么喜欢我却不肯为我付出一点呢？他口口声声称呼我"老婆"，把我看做是他的妻子一般，认为我完全可以做他太太，为什么不拿出行动呢？

其实，这类故事在生活中屡见不鲜，不仅当今如此，过去也是一样。有个流传已久的故事历来为男人们看好，正可以解答西西的困惑与苦恼。

从前，有个商人娶了一妻一妾，妻子是半老徐娘，本分持重；妾年轻貌美，惹人喜欢。由于生意忙碌，他常常到外地去，妻妾不能随行，就留在了家里。当地有个风流小生，盯上了他的妻妾，偷偷勾引她们。妻断然拒绝了他，并将其骂了个狗血淋头。妾寂寞难耐，禁不起诱惑，与这个男人有了私情。

一次，商人外出经商不小心遇难，再也没有回来。妾想到自己与情夫的关系，催他赶紧来提亲，把自己娶回家。情夫答应了，派人来提亲，但是他娶的不是妾，而是那位曾经拒绝他的妻子。

妾大怒，追着情夫质问："当初她不理你，你现在为什么娶她？"

情夫回答："不娶你，你照样是我的情人；娶了你，你要是再跟别人好怎么办？娶她，她会拒绝其他人的求爱。"

【心理剖析】

没有哪个女人情愿做"小三"，所以做了"小三"就心急火燎地渴望转正。转正需要"主管"批准，可是主管有主管的想法，既然我们合作愉快，为什么还要多一道麻烦，领一张证呢？费时费力还费钱，现在的状态就很好，别没事找事。

但是女人不认同，觉得还是正式合作比较保险。男人看透了女人的心思，为了稳住这段关系，不得已先下手为强——"你是我老婆就好了"。给女人的暗示是：唉，我老婆可没有你好，我很希望你是我老婆，真的，那样该多好，该多幸福。

殊不知女人并不理解男人，看不透他的真实心理。说这句话的男人，一是为了哄女人，让她树立与之交往的"信心"；二是告诉女人，你是别人的老婆，不是我老婆；三是你很可能永远都不会成为我老婆，请放弃幻想。

【见招拆招】

要一个跟你搞婚外情的男人离婚娶你希望渺茫。男人只想与你恋爱，不想与你结婚。你要嫁给他，他很得意，这个女人真的爱我，但也很害怕，如果她无怨无悔纠缠下去，该怎么办？

所以，很多婚外情一旦有了真爱，就宣告结束了。一旦女人提出结婚，他们之间就完了。

不过，男人总是那么无耻，既不能婚娶，但也不想很快离开女人。为了达到目的，他只好违心地许诺，虚伪地奉承，"我再过一年就会跟妻子离婚娶你""你要是我老婆，我就心满意足了"。温存的话语加上眼泪，总能打动女人心。

面对这样的男人，他不仁你要不义，告诉他："我即便做了你老婆，也不见得多么好。"当断不断必受其乱，不要再追究以往的情爱了，生活需要放眼未来，忘记意味着成熟。

65

我要是你老公，我会……

【潜台词】一而再地告诉你，我不是你老公，请不要有太多的期望。记住了，我们的关系仅此而已。

程美美有了外遇，对方是个异乡男人。像很多现代爱情故事一样，他们的故事也是开始于网络。当时，程美美为了学习心理学，参加了网络上课程培训。这是个相对开放的网络环境，大家借着讨论心理问题的时机，也会抒发个人的心得体会。渐渐地程美美和刘威宇关系密切起来。程美美是个表面文弱、内心冲动的女人，她与老公的关系说不上好，也说不上坏。可以说，她对老公没有很深的认同感，有些瞧不起老公。

在与刘威宇的交流中，程美美感觉到了来自男人的那股霸气，自然产生了一种好感和依赖。她每天晚上都会与刘威宇聊天，聊得昏天暗地，不亦说乎。

程美美的老公对她的这种做法很反感，又不敢直接反对，只是强调："晚上聊那么晚，影响孩子休息。"他感觉到了老婆的变化，想用孩子收住她的心。

程美美不以为然，继续与刘威宇往来，而且不满足于网络，开始了电话交流。在更深层的互动中，刘威宇了解到她的生活状况，尤其是老公的不理解和不支持对她造成的心理叛逆。一次，两人又在深夜聊天，聊着聊着程美美的老公烦了，从床上跳起来拉断了计算机网络。当然，两人又是一顿恶吵。

之后，刘威宇主动打电话关心程美美，帮她分析她老公的心理问题，认为他有强迫型怀疑倾向，并说："我要是你老公，即便对你不满，也会采取温和的方式，而不是这么粗暴的干涉。"

这句话让程美美很受用，她觉得老公根本不懂自己，与他这种人在一起，简直就是浪费感情和生命。后来，她常常对刘威宇讲述老公的各种问题，每每有什么错误的地方，刘威宇总喜欢拿自己与她老公比较。

不久，程美美和刘威宇一起去参加心理咨询会议，他们见面了，刘威宇像东道主一样热情地接待她，把她安排到旅馆，陪她出出进进，接着自然而然地发生了关系。刘威宇是那么激动，那么有耐心，用程美美的话说，她从没有过这样销魂的体验。刘威宇自信满满，他给了程美美完全不同的情爱经历，让她为之疯狂。

离开时程美美是哭着与刘威宇分手的，短短几日他们已经难舍难分。距离无法阻隔相爱人的心，他们从此想方设法见面。程美美的心无法回到老公身上，但刘威宇却不肯离开妻子，而且不让妻子知道他的出轨。程美美了解他，也不想把希望寄托在这种虚幻的恋情中，她还是试图挽回婚姻，可是老公一直无法与她和睦相处，又不肯痛快地分手。

程美美只好把所有感情倾注在刘威宇身上，为他快乐为他忧，还跟着他在外地生活了几天，为他洗衣做饭，烹制一手好菜，还亲手用药物洗发水治好了他头皮屑的毛病。这让刘威宇百感交集："这么好的老婆，你老公为什么不懂得珍惜？我老婆不如你，我还那么疼她，你老公怎么就不能让你快乐呢？"

到底是为什么呢？程美美已经不想寻求答案，她决定到刘威宇所在城市寻找一份新工作，开始新生活。刘威宇听了她的打算，表现得并不热情，他说："一个已婚女人抛家撇业到外地，亲人朋友怎么看？孩子怎么办？而且我是不能给你承诺的，你孤身一人怎么办？难道真如你说的通过长期分居的方式离婚，一辈子做我的情人？要是那样的话，我真是不忍心，你对我情深义重，可是我不能给你未来，我很内疚。"

【心理剖析】

一而再表白"我要是你老公，会……"的男人，在心里不会瞧得起你，他压根没有与你有婚姻的打算。他之所以这么说，是在表白自己的好，贬低你现任老公在你心中的地位。他用来比较的一定是他的长处，你老公的短处。这样的男人，看不出有什么值得信任的。不信的话，把你老公和他换换位置，他能容忍你的出轨吗？能与你一起生活吗？

这句表白具有很强的杀伤力，一方面放大了女人现任老公的缺点，让女人越看他越不顺眼，一方面强调了自己的优势，仿佛自己才是女人的真命天子。

可是，表白越多，失望越多。这样的借口只能哄住女人一时，却哄不了一世。当女人提出为他私奔时，他已经开始后悔了。他想的是如何与女人结束关系，最好是她一走了之，甚至还觉得对不起自己，不管怎样都不能影响他的家庭和事业。

所以，他很会演戏不会直接提出分手，而是跪在女人面前痛哭流涕，说一直把女人珍藏心底，在每个夜深人静的时刻会痛心地想她，恨不能为她死去。

【见招拆招】

老公不是用来比的，而是用来爱的，其他男人再好，也不是自己的。何况你还不知道他是不是真的很好，因为你们没有共同生活过。还是那句话，鞋子合不合适，只有脚知道，你还没穿过的新鞋看着漂亮，穿着不一定舒服。

那些强调"我要是你老公，会……"的男人，其实就是烂人，他想的是像老公一样占有你，而不是像老公一样负责任。所以，当他再次拿你老公说事时，告诉他我老公虽然不好，但不是让人随便评论的。哪怕我不爱老公了，也要维持婚姻的尊严，不能任人污蔑。这是做人的底线。

这样的反击很有力度，多数男人听了都该佩服和尊重眼前的女人，而不是继续蒙蔽她，引诱她。

66

我说这些没别的意思

【潜台词】事已至此，该分手时就分手，没什么好说的啦！

- -

好友韩娟娟是个成熟有思想的女性，最近遇到了七年前的一位旧相识。当年，韩娟娟还没有结婚，对方已有家庭孩子，比她大很多，曾经向她示爱，可是韩娟娟拒绝了。

如今两人再次相遇，经历了人生风雨之后，韩娟娟对异性有了新的认识和要求，她更看好成熟男人，所以对这个年近四十的旧相识好感陡增。旧相识不失时机地再次表达了爱意，韩娟娟很轻松地接受了。她觉得婚姻之外，还有个男性知己未必不是件幸福的事。

两人的交往果如韩娟娟所料，充满着激情和快乐，可以说，她得到了想要的幸福感。而且旧相识也很知趣，从没有想过要破坏韩娟娟现在的婚姻。这和韩娟娟想的一样，他们只是希望在婚姻以外，还有人陪伴自己走过一段路程，留下某种特殊的回忆。

由于保密工作做得好，他们的私情进行得很隐秘。他们经常在一家茶楼会面，谈论工作和生活，向对方倾诉心中烦闷。韩娟娟把很多不愿和不能跟老公说的话都讲给他听，一来帮助自己稳定了情绪，二来不会影响到家庭生活，她对这种状况颇觉满意。

好日子总是过得特别快，就在韩娟娟满心以为他们之间会持续下去，至少会有几年发展时，旧相识提出了分手。

前一天，他们还在一起卿卿我我，亲密恩爱。第二天，他就打来了电话，支支吾吾地说："我最近比较忙，恐怕不能经常见你了，你要是不想等我，我看就结束我们之间的关系，不再联系……"韩娟娟大惊失色，他是什么意思？断绝关系？分手？她真的很难理解，前后两天的时间，怎么会有如此巨大的差异？她追问为什么，对方说："我说这些也没别的意思，请你相信我。"韩娟娟哪里还能相信他，当初，他追求自己时，说尽了甜言蜜语，现在怎么说分就分了呢？记得他多次说过，如果有一天韩娟娟不理他了，提出与他分手，他会一直等她，等她出现……

可是，韩娟娟还没有提出分手，他已经早早地做好了撤退的准备。那家茶楼成了韩娟娟寄托思念的唯一场所，她常常去，幻想着也许他还会在那里等自己。这无疑是个浪漫的相逢，说不定他是想给自己这样的惊喜。然而，这只是韩娟娟的单相思，她去了多次，一次也没有碰见他。后来她忍不住向熟悉的服务员打听他的消息，服务员摇摇头说，他很久没有来过了。

韩娟娟心里有种说不出的苦楚，她觉得自己被骗了。为了摆脱这种情绪，她一再强迫自己清醒，不要辜负了老公，不能伤害了孩子，不要为婚外情动气。尽管如此她的心情还是难以平静。

【心理剖析】

女人说"男人没一个好东西"，是指他们从来不肯兑现诺言。今天还说我爱你，明天就有了新情人。男人的爱就像细胞分裂，越变越多，到底哪个爱更真实，最后他们自己也分不清了。

就是说，男人对一个女人表达爱时，与他的婚姻和其他女人没有关系，他仅仅是想要你们之间的爱，至于别的他没想那么多。

所以，今天还甜言蜜语，明天就形同陌路，在女人看来不可思议的事情，在男人那里就很正常。他一定是遇到了外力压迫，比如婚外情曝光，老婆不依不饶。一个婚外情的男人，不会为了外遇而得罪老婆。回归就是他最好的选择。

"我说这些没别的意思"是在告诉女人，我们之间或许有感情，但永远不会有结果，分手是必然结局。

【见招拆招】

遇到这样干脆利落的男人，也算是不幸中的幸运了。本来你就把婚外情看做是一次刺激之旅，是奢求而不是必需品，如果不是他如此决绝，而是跟你纠缠不清想想后果多么可怕。

偷情曝光不是你想要的，更不是你老公想看到的，由婚外情引爆家庭战争，这是任何明智的男女都不愿做的。

现在好了，他恩断义绝逼你就此收手，对你来说，既享受到了婚外情的激情，又没有因此危及婚姻和家庭该庆幸了。

至于你心中的不平，无外乎那个男人是不是真的爱过自己？这一点真有那么重要吗？婚外情是生活中的一件"奢侈品"，为了"奢侈品"而伤害"必需品"是傻女人的做法。